架构师修炼之道

Design It! From Programmer to Software Architect

[美] Michael Keeling 著

马永辉 顾 昕 译

华中科技大学出版社

中国·武汉

图书在版编目(CIP)数据

架构师修炼之道 /(美)迈克尔·基林(Michael Keeling)著;马永辉, 顾昕译. -- 武汉 : 华中科技大学出版社, 2019.8（2023.1 重印）
ISBN 978-7-5680-5270-2

Ⅰ.①架… Ⅱ.①迈… ②马… ③顾… Ⅲ.①软件设计 Ⅳ.①TP311.5

中国版本图书馆CIP数据核字(2019)第154769号

Design It!: From Programmer to Software Architect

湖北省版权局著作权合同登记 图字:17-2019-145号

书　　名　架构师修炼之道
　　　　　Jiagoushi Xiulian zhi Dao
作　　者　[美] Michael Keeling
译　　者　马永辉 顾昕

策划编辑　徐定翔
责任编辑　徐定翔
责任监印　徐　露

出版发行　华中科技大学出版社（中国·武汉）
　　　　　武汉市东湖新技术开发区华工科技园（邮编 430223 电话027-81321913）
录　　排　武汉东橙品牌策划设计有限公司
印　　刷　湖北新华印务有限公司
开　　本　787mm × 960mm 1/16
印　　张　19.5
字　　数　370千字
版　　次　2023年1月第1版第7次印刷
定　　价　99.90元

译　序

　　我与本书应该算是很有缘。我在浙江大学的学长苏杰是七印部落的发起人之一。我们都是产品经理，但我们走了不一样的道路。他毕业后加入阿里巴巴，然后写了《人人都是产品经理》，现在又开办了良仓孵化器。我则加入 Vobile 公司创业，从 0 到 1 做产品。后来我到了美国硅谷，从产品管理晋级到管理整个项目团队。这期间我放弃了去淘宝网工作的机会，与苏杰"失之交臂"。前几年我出了一本文学自选集，请苏杰写了寄语。十二年产品之路，造化各异，现在又有缘在七印部落汇合。

　　最早看到要翻译这本书时，我工作较忙，没想过参加。过了一阵子，看到苏杰发消息说还没找到合适的译者。我这才发现我和这本书挺有缘，我当时正在卡内基梅隆大学（CMU）读研究生，而本书的作者 Michael 和写序的 George 都是 CMU 的校友。这本书也跟我在学校学的课程（"为产品经理讲述架构原则"）有关联，于是我联系徐定翔编辑表达了想翻译的意愿。

　　我所在的公司很早就通过了能力成熟度模型集成（CMMI）认证，这是一套流程化的东西。CMMI 一般以瀑布模式开展，流程清晰、产出明确、变更可管理、风险可控。我们能够在早期成功推出面向大型企业的软件服务，就是因为采用了 CMMI。后来我们又引入了 Scrum，希望能做到小步快跑、快速迭代。刚采用 Scrum 时，我们确实遇到了许多问题，其中之一就是 George 在本书序里提到的：如何在快速迭代的敏捷开发中开展传统的架构设计。如果我们能早点看到这本书，也许可以少走一些弯路。

　　转眼间，我在软件行业工作已经多年。早几年，我也有将自己的工作经验写成书的想法。后来看了一些书，我觉得自己水平还不够，如果能翻译一些好作品，比自己写书更有意义。我希望可以为这个行业、这个时代做一点贡献，哪怕很微小。

翻译也是一种修炼。我本以为翻译会占用很多时间，给工作和生活带来压力。不过情况实际并没那么糟糕。翻译过程中与作者 Michael 的沟通让我受益匪浅，对工作也有很大的帮助。理解了书上的"道"之后，我往往茅塞顿开。

想当年刚工作时，我作为产品经理常常跟架构师争辩设计优劣和职责划分。按照 Michael 的说法，产品经理更关注功能需求，而架构师还要把握非功能性需求。当然，Michael 是拓宽了架构师的工作范围。同样，优秀的产品经理也应当拓宽自己的工作范围。只有这样，我们才能一起开发出优秀的软件。

我与顾昕、徐编辑合作，像架构师那样对待这个翻译项目。我们在项目启动阶段就商定了翻译规范，选用了协作工具。我们还商量把整本书的翻译稿合并在一起，这样做虽然打开文档有点慢，但带来的好处是易于全文搜索和替换。

苏杰说人人都是产品经理，我理解他是说每个人都应该具备产品经理的思维。按照这个思路，我们也可以说人人都是架构师。掌握产品经理的思维，相对来说比较容易，毕竟普通人都是产品用户，都有对产品功能"指手画脚"的本事。而要掌握架构师思维，就稍微难一点了，所以从事 IT 行业的人都应该读一读这本书。这本书不仅是写给程序员和架构师看的，也适合从事产品管理、项目管理、数据分析、测试、运维工作的人读。

我读的第一本七印部落翻译的书是《启示录：打造用户喜爱的产品》，现在我还时不时拿出来读一读，常看常新。希望这本《架构师修炼之道》也一样，能够帮助大家尽快"修炼"成出色的架构师。

马永辉

2018 年 9 月于卡内基梅隆大学硅谷校区

序

Foreword

拿到这本书的终稿时，我惊奇地发现书中竟然没有提及敏捷开发。Michael 和我多年来一直在谈论这本书，我想我很清楚他的写作内容及意图：传统的软件架构理念在敏捷开发流程中一直很难应用，而 Michael 想到了解决办法。那么，"敏捷"为什么没有出现在书的每一页里呢？

Michael 是当代的普罗米修斯，他对技术着迷，决心将其驯服，造福众人。他是敏捷开发的真正信徒，也是软件架构方面的专家。白天，他是付诸行动的敏捷开发团队的领导者；晚上，他又是卡内基梅隆大学里学习软件架构的学生的指导者。他是我所知道的唯一拥有这样多重身份的人。通过参与卡内基梅隆大学组织的 SATURN 软件架构会议，我对他了解颇多，他将敏捷社区的理念和思想领袖推荐到架构师社区。他一直在寻找两全其美的方法，将敏捷开发与架构设计完美融合，而不是像油和水那样泾渭分明。

很多人曾尝试调和这种矛盾，但收效甚微。曾经有人想把敏捷开发塞进瀑布模型的实施阶段。还有人坚持认为应该由"一把手"架构师做重要的决定。这些人几乎都是囿于理论泛泛而谈，却说不出到底有哪些成功的案例。他们写的东西通常是站在某一阵营的角度，试图照搬另一个阵营的方法。

本书的与众不同之处在于它更好地融合了敏捷开发和架构设计，这也是"敏捷"这个词没有出现在每一页上的原因。Michael 凭着对敏捷开发及其价值的深入理解来谈架构设计。Michael 亲自提出和改进了许多方法，但尤其令我感到兴奋的是，他也从过去几年的会议中汲取了最好的想法和技术，这些还从未有人写过。比如在本书第三部分，你看不到架构师单枪匹马为团队指明方向——刻诚于碑、铸法于鼎。相反，你将看到如何在以周为单位的迭代中完成各种任务，如何鼓励整个团队参与设计，将设计提升为团队关注的头等大事。而且这些都有实际的应用案例。

思想领袖们推翻了缓慢的、低效的、"官僚主义"的软件开发流程，但他们也告诫我们，敏捷绝不是不规范的、草台班子式编程的"挡箭牌"。前敏捷时代的那些"官僚主义"的开发流程大部分是符合规范的，至少说明了应该在何时开展哪些设计活动。虽然有些团队自称他们遵循敏捷开发流程，但据我看，当下有太多不规范的、草台班子式的开发行为。

现在有了这本书，问题是接下来会发生什么？虽然做预测很难，但我还是相信，我们正在向软件开发的下一平稳状态过渡——融合敏捷性与纪律性。我们的流程将融会贯通，一方面掌握敏捷开发所倡导的快速反馈循环，另一方面掌握架构设计技巧，开发出更出色的软件。

虽然我们还没有达到那种状态，但本书将指引我们朝着那个方向前进。让我们一起携手共创未来。

George Fairbanks

《恰如其分的软件架构》作者

前　言

Welcome!

软件架构是开发优秀软件的基础。虽然出色的架构本身并不足以确保软件成功，但错误的架构几乎注定导致失败。架构非常重要，所有软件开发人员都应该知道如何进行设计。

本书讲解如何设计出色的软件架构。首先声明，本书不是象牙塔里抽象的软件设计教材，也不要指望在书里找到变魔术般解决所有问题的框架或技术。你能学到的是应用基本的设计原则和经验，成长为优秀的程序员、架构师、技术领导者。

此外，设计出色的软件不仅靠设计原则和经验，如何开展设计也同样重要。本书将讲解如何应用设计思维和以人为本的思想与团队进行协作。这种架构设计办法将极大提高设计决策与团队成员的联系。以人为本能让你做出更好的设计决策，从而开发出更出色的软件。

目标读者
Who Should Read This Book?

本书是写给所有曾站在白板前画方框和线条，试图解决棘手问题的人看的。

如果你是软件架构设计新手，本书很适合入门学习。我们将从介绍基础知识开始，由浅入深逐步讲解优秀软件架构师必须掌握的核心技能。

如果你是对架构设计略知一二的程序员，本书将有助于你整理思路。你会读到那些你既陌生又熟悉的概念，填补你自己都未曾意识到的知识空白。读完本书，你将更加深入地理解架构师的工作，以便日后更好地领导他人。

如果你是久经沙场的软件架构师，本书将教你从一个全新的视角来审视如何领导团队。今天，越来越多的初级程序员希望在软件开发中发挥更大的作用。书中讲解的基础知识将帮助你引导他们全面地参与到设计过程中来。本书阐述的协作设计方法可以让你安全高效地与经验不足的团队成员进行合作。

如何阅读本书
How to Read This Book

本书分为三部分。第一部分与第二部分建议从头至尾通读，第三部分则便于参考和检索。

第一部分介绍软件架构的基础知识和架构师必备的设计思维。

第二部分讲解架构师需要掌握的核心技能和知识。

第三部分讨论一系列实用的架构设计方法。世上没有万能钥匙，每位软件工程师都有自己的一套经验、方法、技术。第三部分将介绍我自己的经验、方法、技术。

第二部分和第三部分的每一章都会讨论一种设计思维模式（以下简称思维模式）。思维模式是我们看待世界的方式，帮助我们在正确的时间关注恰当的细节。总的来说，思维模式可以分为四类：理解、探索、展示、评估。

同行的技巧和建议
Community Tips and Advice

打开这本书，你就加入了一个软件架构师的社区，大家在这里互相帮助，分享建议、技巧、方法。我邀请了几位架构师分享他们认为你应该知道的技巧和建议，这些建议穿插在书中相应的章节里。

这些杰出的贡献者是 Len Bass、BettBollhoefer、Simon Brown、George Fairbanks、Thijmen de Gooijer、Patrick Kua、Ipek Ozkaya。详细信息请参阅本书附录。

案例研究
Case Study

　　谈论抽象的东西往往容易流于抽象。为了防止这种情况的发生，我引入了一个实际案例：Lionheart 项目。它来自我以往做的真实系统。第 1 章将介绍这个案例。随着本书内容的展开，你将看到这个案例的更多细节。

动手练习
Get Your Hands Dirty Exercises

　　实践出真知。要成为优秀的软件架构师，不能纸上谈兵，还要参与实践。就像现实世界中的架构设计一样，练习的答案不止一种。练习过程与最终解决方案同样重要。

在线资源
Online Resources

　　本书主页上有图书的详细信息[1]。你可以在论坛上发帖讨论，或者指出印刷和内容上的错误。讨论区是进行内容交流和分享练习答案的绝佳场所。

　　欢迎与我同行，让我们开始吧！

---

[1] https://pragprog.com/book/mkdsa/design-it

目　录

Contents

第一部分 软件架构导论

第二部分 架构设计原理

第三部分 架构师的工具箱

第一部分

软件架构导论

Part I Introducing Software Architecture

首先介绍一些基本概念，包括核心架构原则和基本设计知识。

第 1 章

成为软件架构师
Become a Software Architect

我也说不清楚自己是什么时候成为软件架构师的。不过我依然记得第一次别人这样叫我的情形。那是在一次会议上，客户提出了一个棘手的技术问题。项目经理当即表态："Michael 是这个项目的架构师。他会研究这个问题，并在周末前回复你们。"

我就这样成了架构师。在权力的诱惑以及对职业发展的期待下，我当上了架构师。但没多久，一种莫名的恐慌就涌上心头。我是架构师了，现在我该做什么？软件架构师与软件工程师到底有什么不同？

除了编程，架构师还有其他职责。他们要从工程角度定义问题。他们要将软件系统分解成多个可实现的模块，同时又要兼顾大局、确保系统整体有效工作。他们要在软件质量属性（quality attributes，是软件的非功能性需求）之间进行权衡，并管控不可避免的技术债务。更重要的是，他们要锻炼和提升整个团队的架构设计能力，因为最好的团队里人人都应该是架构师。

本章讲解架构师要做些什么。你将明白为什么理解软件架构可以让你成为更优秀的程序员和技术领导者。我还会介绍如何开始架构师的职业生涯。

1.1 软件架构师要做什么
What Software Architects Do

架构师在团队里面的角色很独特。他们不是项目经理，却决定着何时以及如何交付软件。他们不是产品经理，却要确保软件能够满足业务目标。他们也编程，但做得更多的是架构设计，而不仅仅是写算法和代码。架构师是软件开发的核心角色，肩负着与众不同的职责（见图1.1）。

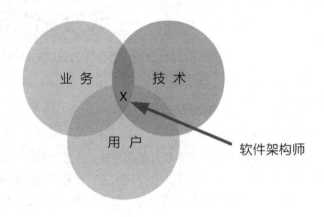

图 1.1 架构师的核心地位

大多数架构师都是做技术出身。会编程、能设计高效的算法、懂测试和部署软件，这些都是架构师必备的技能，但要从程序员成长为架构师，你还需要承担一些新的职责。

1.1.1 从工程角度定义问题
Define the Problem from an Engineering Perspective

软件架构设计是一门以人为本的学科。软件的所有利益相关方都有着自己对项目的预期，因此架构师要与产品经理、项目经理一起协作，共同定义软件项目的需求与目标。

　　许多团队是由产品经理定义功能特性。功能需求当然很重要，但是架构师更关注另一种需求——质量属性（参见 1.2.2 节）。除了定义系统的质量属性，架构师还要密切关注那些影响架构设计方向的约束和特性。

　　在定义问题的同时考虑架构，才能确保你开发出大家都满意的系统。第 5 章将讲解架构师如何获取需求。

1.1.2　分解系统，分配职责
Partition the System and Assign Responsibilities

　　你见过小孩踢足球吗？唯一有固定位置的小家伙是守门员，其他孩子挤成一团，追着球满场跑。好玩吧？不过稍微长大一点，他们就学会了按分配的位置来踢球。位置分配很重要，教练可以借此制定比赛策略，进而提高球队得分的可能性。

　　有些软件系统，设计得就像是儿童足球队：挤成一团，臃肿笨重，一起冲向"发布"。就像足球比赛一样，如果能将软件拆分成各种"零件"，大家各司其职，开发工作就会顺利得多。

　　架构师只有把软件系统进行分解，才能制定出满足质量属性和其他系统需求的策略。例如，你可以指定一个组件实现用户注册功能，指定另一个组件负责识别猫的图片；你可以分配不同的团队开发不同的模块；可以将数据读取部分从数据写入部分剥离出来，使得软件系统具备更高的可靠性、可用性、可伸缩性。

　　分解系统的重要性还不仅仅体现在上述方面。小对象往往更容易推演（reason about）、测试、设计。当然，将系统打散之后，你要确保能把它们组装回去，协同工作。

1.1.3　关注大局
Keep an Eye on the Bigger Picture

　　所有软件系统都存在于客观世界的大背景之下，比如与之交互的用户、开发团队、硬件平台，甚至包括最初的开发目的（如图 1.2 所示）。理想情况下，软件架构应该能与外围环境和谐共生。

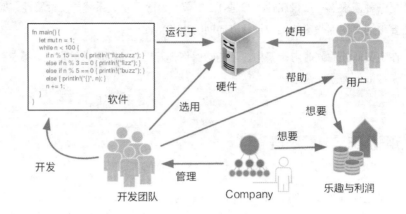

图 1.2　软件系统所处的环境

从全局角度考虑整体系统意味着架构师需要处理的不仅仅是技术问题。人员、过程、业务需求以及其他技术和非技术因素都将影响最后的软件系统。即便一个小小的设计决策也可能产生深远的影响。架构师必须高瞻远瞩、纵观全局，而不能只着眼于局部细节的设计。

软件设计是一个不断"挣扎"的过程，在想要达成的目标与必须接受的现实之间寻找平衡。这意味着你必须深思熟虑并做出取舍。

1.1.4　在质量属性之间做出取舍
Decide Trade-offs among Quality Attributes

假设客户要求软件具备高可用性，能够响应99.9%的请求。我们可以引入冗余元素来提高可用性。这样设计倒是简单，但有一个问题：必须采购双倍的硬件，从而成本也翻倍了。这样做就是用更高的成本换取高可用性。

放弃一些东西换取其他东西，这在软件开发中很常见。架构师要找出备选方案，再与各方一起协商如何取舍最合理。

软件系统的分解和切割也不一定那么"干净利落"。你需要折中，也可能会犯错误。在开发系统的过程中，还会不断给架构引入技术债务。

1.1.5 管理技术债务
Manage Technical Debt

所有的软件都有技术债务。架构师知道系统是如何分解的，他们关注大局，指导划分出来的各个模块协调工作，还要将业务需求与技术决策放在一起考虑。只有这样，架构师才能游刃有余地管理技术债务。

技术债务如同一条鸿沟，一边是当前的软件系统设计，另一边是你想要的、能持续产生价值的设计。技术债务的多少可以通过填平鸿沟所需的代价衡量。技术债务就像是软件系统的副产品。出色的软件开发团队会有意引入技术债务来实现更快的交付，后续再逐步地进行偿还，从而持续地创造价值。

架构师应该指明技术债务，帮助利益相关方决定采取何种措施管理它们。

1.1.6 提升团队的架构技能
Grow the Team's Architecture Skills

架构师是整个团队的导师和顾问。设计炫酷却无人理解的架构毫无意义。作为团队的架构专家，你有责任向团队分享知识，让他们成功地开发出软件。

架构师应该适时地传授设计技巧和架构理念。为了传道，你可以与组员结对设计，可以写文档授业、解惑，还可以提出建设性的批评。把架构设计当做一项社交活动，让团队成员都参与到设计过程中来，这是最有效地提升团队架构技能的方法。技能的提升对于团队的成败将起到决定性的作用。

现在你明白架构师是做什么的了，下面让我谈谈什么是软件架构。

1.2 什么是软件架构
What Is Software Architecture?

软件架构是关于如何组织软件的一系列重大设计决策的集合，旨在实现期望的质量属性和其他软件特性。

设计决策的重要性体现在许多方面。它可能对软件的质量属性、开发进度、成本产生影响，有些影响甚至无可挽回。一项重大决策可能会影响到很多人，甚至让其他软件系统不得不做出改变。无论如何，重大的设计决策一旦出错，后续修改将付出巨大的代价。

提升某项质量属性意味着强调它在软件系统中的作用。设计得当的架构能提升利益相关方需要的质量属性，抑制或消除利益相关方不需要的质量属性。架构也可以提升其他软件特性。例如，恰当的架构可以让你多快好省地输出成果，而且不需要连续加班。

1.2.1 定义基本结构
Define the Essential Structures

摩天大厦有地基和框架，我们的身体有骨架。同样，软件也有它的主体结构。这个结构定义了软件系统的组织与协调方式。它体现在你编写的代码和运行的软件中，甚至体现在你与他人的协作中。

将两个元素以某种关系连接在一起，就成为了结构。你可以把元素和关系想象成软件里的砖头和水泥，或者面包和花生酱……好吧，我想你已经明白我的意思了。元素是软件的基本组成部分，关系则描述了元素如何协作完成任务。

空想不能落地的架构总是容易的。为了避免出现这样的情况，你可以使用三种类型的元素和关系来构建架构。《Software Architecture in Practice》一书将这三种类型定义为模块（module）、组件连接器（component & connector，简称 C&C）和分配（allocation）。将相同类型的元素和关系连接在一起，就形成了结构。

表 1.1 给出了每种类型的元素和关系的一些例子。

表 1.1 三种类型的元素和关系

	示例元素	示例关系
模块	类、包、层、存储过程、模块、配置文件、数据库表	使用、允许使用、依赖
组件连接器	对象、连接、线程、进程、层、过滤器	调用、订阅、管道、发布、返回
分配	服务器、传感器、台式机、负载均衡器、团队、用户、Docker 容器	运行于、负责、开发、存储、支付

模块结构存在于设计阶段。编写代码的过程也是你与模块结构进行交互的过

程。即使软件没有运行,模块结构仍然存在于文件系统中。

组件连接器(C&C)结构在软件运行时出现。在运行时,组件可以创建与其他组件的连接、产生新进程以及实例化新对象。与模块结构不同,C&C 结构在系统不运行时便不复存在。你只能从其运行留下的日志文件或数据库条目中窥见 C&C 结构的身影。

分配结构展示了模块元素与 C&C 元素之间,以及这些元素与现实的物理元素之间的协同与响应关系。分配结构也称为映射结构,因为它显示了元素之间的相互映射关系。某个元素是运行在客户端,还是运行在服务器上?A 团队负责构建系统的哪个部分?分配结构可以回答这些问题。

Joe 提问:

模块与组件是不同的东西吗?

你在工作中也许听到人们不加区别地使用模块和组件这两个词。严格来说,模块与组件是不同的概念。模块指的是设计阶段的元素,而组件则是软件运行时的概念。

有时使用准确的用词很重要。使用具有特定含义的术语描述一般意义的事物可能会造成混淆。如果你要描述软件架构中的基础元件,而不是特指组件或模块,使用元素会更好。

话虽如此,咬文嚼字并不能保证清楚地呈现你的想法。虽然我鼓励你使用恰当而准确的术语,但有时采用灵活的表达方式更容易让人跟上你的思路。

不同类型的结构适合用来思考不同的系统特性。例如用模块结构考虑可测试性和可维护性;用 C&C 结构考虑运行时问题(如可用性和性能)。如果你发现自己使用了混合结构(如静态元素使用了动态关系),那说明你的理解还有不足之处。

结构决定了系统的"身形轮廓"。"身形轮廓"决定了用户体验到的质量属性和其他特性。稍后我会讲解如何从结构推演质量属性。接下理,请读者做一个练习。

1.2.2 动手练习：元素、关系、结构
Get Your Hands Dirty: Elements, Relations, and Structures

从最近的项目中找几个队友，每人分别列出或画出项目涉及的模块结构、C&C 结构、分配结构。然后大家比较一下，看看有什么差异。有没有什么结构是队友列出而你没有的？可以从以下几个方面考虑：

- 元素命名要明确具体。不要忘记它们之间的关系！

- 考虑模块结构：使用了哪些方法或类？这些类是否存在于不同的包或命名空间？包管理器和构建脚本中包含哪些依赖关系？

- 考虑 C&C 结构：软件在运行时是否与其他进程或系统发生交互？谁在调用系统，它是如何响应的？

- 考虑分配结构：软件的各个部分由谁负责开发？软件如何部署？

1.2.3 推演质量属性和其他系统特性
Reason about Quality Attributes (and Other System Properties)

假设你正在开发一个计算器 App，它可以计算两个数的和。听起来很简单，对吧？请思考图 1.3 中的问题。

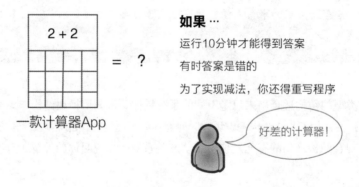

图 1.3　计算器 App 引发的问题

让我们来澄清一下，你的计算器不仅要把两个数字相加，还要做到速度快、可靠、可扩展、可维护。如果我们没有考虑这些质量属性，那设计出的系统很可能不满足要求。

质量属性是利益相关方判断软件系统是否好用的一切外部可见特性，包括可伸缩性、可用性、可维护性、可测试性等。与软件交互时，用户就能体验到质量属性。

选择架构的结构实际上就是选择你想在软件系统中提升的质量属性。思考架构设计可以确保你设计的软件系统能够支持你关心的质量属性。

是质量属性让软件独一无二。每个系统的面临的情况都不一样——不同的团队、预算、市场条件、技术趋势。因此，没有哪两个软件架构是完全一样的，哪怕它们要实现的功能需求是一样的。

1.3　成为团队的架构师
Become an Architect for Your Team

有些团队里有明确的架构师角色，而有些团队没有（由团队成员分担架构师的职责）。虽然有些团队表示他们没有架构师，但如果仔细观察，你会发现还是有人在不知不觉中承担了这项工作。

架构师可以是团队的领导者，也可以指那些以特定方式思考软件设计的人。架构师的名片上不一定印着"软件架构师"（我的名片现在还印着"软件工程师"）。每个团队至少应该有一位架构师，优秀的团队则不止一位。

如果你的团队确实没有架构师，那么恭喜，你的机会来了！只要乐意，你随时可以将架构思维引入团队的设计讨论，询问有关质量属性的问题，指明团队何时应该进行取舍，主动撰写设计决策并开始接受更多架构设计职责。

如果你的团队已经有架构师了，你可以主动帮忙，尽可能与架构师合作，利用每一个机会学习。开发软件系统是浩大的工程，关注细节的人越多，团队成功的可能性越大。拥有多位成熟架构师的团队是极其幸运的！

1.3.1 从程序员向架构师转变
Make the Move from Programmer to Software Architect

大体来说，成为架构师之前你应该参与过开发三到五个系统，而且承担的技术职责应该不断增加。随着架构职责增加，你会发现编程的时间越来越少，当然这也取决于你开发的软件类型。编程时间变少是正常的，但架构师不应该完全放弃编程。

为了记录和评估你从程序员到架构师的转变过程，你可以建一个档案，记录你在每个项目中担任的角色，简要描述系统情况以及你在开发过程中学到的知识。这种回顾对所有技术领导者，尤其是架构师来说都是必不可少的。

针对档案里的每一个项目，回答以下问题：

- 利益相关方是谁，主要业务目标是什么？

- 项目的整体解决方案是什么样的？

- 涉及哪些技术？

- 最大的风险是什么？你是如何克服的？

- 如果有机会重新做一遍项目，你会如何改进？

无论你希望获得职位晋升，还是提高专业水平，都要有耐心。获得设计复杂系统的机会也许要等上三五年。如果幸运的话，你的整个职业生涯将有机会参与 8 到 15 个软件项目。你应该时刻做好准备，把握一切设计架构的机会。同时与同事合作，让每个人都有机会提高水平。相信我，许多有趣的架构设计工作在等着你！

记住，架构师不仅仅是团队中的角色，更是一种思维方式。就算你是程序员，每天也会做出数十个设计决定，这其中有些决定是具有架构意义的。任何人一旦做出了影响软件系统结构的决定，实际上都充当了临时架构师。无论你名片上的头衔是什么，你都应该做出慎重的决策，让架构向着健全的方向发展。

1.4 开发出色的软件
Build Amazing Software

开发软件系统要尽量避免出差错，而架构是软件成功的基础。架构可以从以下六个方面指引你打造出色的软件。

1. **架构将大问题分解为容易处理的小问题。**现代软件系统庞大且复杂，有许多活动的部件。架构精确地解释了如何将系统划分为轻巧、独立的小模块，同时还能确保整个系统协同工作，让系统的价值高于各个部分的价值之和。

2. **软件架构告诉大家如何协同工作。**软件开发既是技术，也是人际沟通的艺术。软件架构描述了整个系统（包括开发人员）如何组成有机的整体。掌握了架构也就清楚了人们该如何合作开发软件。软件系统越庞杂，这一点就越重要。

3. **软件架构为讨论复杂设计提供了基本词汇。**不明白彼此在说什么，我们就无法合作。软件架构为我们的沟通提供了基本概念和词汇，这样我们可以把时间花在解决用户的实际问题上，而不必发明新的概念和词汇。

4. **软件架构关注的不仅仅是功能。**软件的特性和功能很重要，但它们不是决定软件是否出色的充分条件。架构除了考虑功能需求，还要考虑成本、约束、进度、风险、团队的交付能力，以及最重要的质量属性（如可伸缩性、可用性、性能、可维护性等）。

5. **软件架构让你避免犯重大错误。**在《Who Needs an Architect》一书中，Martin Fowler 将软件架构定义为："……重要的东西。不管那是什么。"我们通常认为重要的东西很难改变，除非显著增加复杂性。 Grady Booch 继承了 Fowler 的观点，将软件架构定义为："……重要的设计决策（其重要性由变更的成本来衡量）"。架构师并非无所不知，而架构可以帮助我们发现那些今后可能会带来麻烦的问题和地方。

6. **架构让软件更灵活。**软件应该像水一样灵活应变，顺势而为。水无定形，若软件如水，则架构如器。容器既可以是坚硬的铁桶，也可以是轻巧的塑料袋，它可以很厚重，也可以很轻薄。如果没有架构，软件就像流淌的水一样无法控制。架构为软件提供了灵活应变的结构。

稍后还会详细讲解这 6 个方面。

1.5 案例分析：Lionheart 项目
Case Study: Project Lionheart

每一章介绍新知识后都会借助我们的 Lionheart 项目做案例讲解。

1.5.1 项目要解决的问题
Design an Architecture to Solve This Problem

春田市正面临预算不足的问题，需要削减开支。市长上官云顿聘请我的团队简化行政管理与预算办公室（以下简称预算办公室）的工作流程，提高工作效率。

市政府每次要采购超过几千美元的物资，预算办公室就会在当地报纸上发布招标书（Request for Proposal，RFP）。企业据此进行投标。预算办公室综合考虑投标条件，选择企业签订合同。预算办公室要同时管理 500 多份这样的招标合同，从卫生纸、医疗用品到篮球不一而足，所有数据都通过电子表格管理。

云顿市长希望通过现代化的管理解决以下几个问题：

- 一半的招标只有一家企业投标，市政府有可能溢价购买了低质量的服务。

- 签订一份合同需要数月时间，许多企业对冗长繁琐的步骤感到迷茫。

- 发布招标项目需要 6 周时间，必须提速。

后面我们会进一步分析这个案例，并且共同设计架构来解决这些问题。

1.6 预告
Next Up

架构师要负责多方面的工作。设计复杂有趣的软件系统，与不同的人一起工作，真是既开心又有价值。然而，架构师不是一夜之间修炼成的，你必须专注于架构师的核心职责，逐步学习应用架构原理（选择结构提升期望的质量属性）。

本章介绍了什么是架构，以及架构师要做些什么。第 2 章将学习如何借助设计思维确定架构设计应该怎么做。

第2章

设计思维基础
Design Thinking Fundamentals

无论是从头设计架构，还是改善已有的软件系统，我们需要的架构其实就在那里，等待我们去发现（to be discovered，TBD）。架构设计总是一边摸索要解决的问题，一边探求解决方案。

为了完成这项任务，你需要学习一种分析和解决问题的创新方法，即以人为本的设计思维。将注意力放在受设计决策影响的人身上，可以帮助你厘清必须解决的问题。这种设计思维强调我们的目标是打造帮助他人的软件，唯其如此我们的方案才能落地。

本章讲解如何在架构设计中运用设计思维。我们首先介绍设计思维的四条基本原则，然后学习用思维模式确保架构设计朝着正确的方向前进。最后，学习挑选合适的思维模式。

2.1 设计思维的四条原则
The Four Principles of Design Thinking

与其说设计思维是一种流程，不如说它是从他人的角度思考问题及其解决方案的一种方式。 设计思维有基本的规则，在《Design Thinking: Understand -

Improve - Apply》一书中，Christoph Meinel 和 Larry Leifer 提出了四条基本的设计原则。这些原则不仅适用于软件架构设计，也适用于程序设计、交互设计，以及所有设计工作。下面是这四条设计原则：

1. **以人为本**（human）：设计的本质是社交。

2. **推迟决策**（ambiguity）：推迟不确定的决策。

3. **善于借鉴**（redesign）：所有设计都是在已有设计基础上的重新设计和调整创新。

4. **化虚为实**（tangibility）：让想法具体化、有形化，以便于沟通交流。

我们使用这 4 个英文单词的首字母（HART）来记忆这些原则。下面来仔细看看 HART 原则与软件架构设计的关系，从而理解如何在具体的软件架构情境中运用设计思维。

2.1.1 以人为本
Design for Humans

设计本身就是围绕人开展的工作。软件既为人所用，也依靠人开发。架构设计中的每个决策都以某种方式让人们受益。每个设计决策也都必须与他人分享并获得理解。

架构师必须有同理心，能够理解利益相关方的要求。我们要关心的不仅是最终用户，还有最终用户要帮助的人、编写代码的程序员、测试人员、密切关注开发进度的项目经理。设计软件系统需要与团队成员合作。请尊重他们，倾听他们的心声，理解他们的意图，这才是以人为本的设计方法。

以人为本的原则时刻提醒我们，架构师离不开团队，必须与团队一起设计架构。软件开发是一项频繁的社交活动。身居象牙塔，孤立于团队之外的架构师设计出来的只能是"空中楼阁"。架构师应该融入团队，成为团队的一部分。切断架构师与团队成员的联系，架构将无法发挥它应有的作用。

尊重所有直接和间接与架构有关的人，换位思考，理解他们的感受，你才能成为出色的架构师、沟通者、领导者。

2.1.2 推迟决策
Preserve Ambiguity

工程上的"模棱两可"是危险的，设计决策必须做到准确、清晰。模糊的需求、设计、承诺会毁掉项目。因此，不到条件成熟的最后一刻，不要着急做出最终的设计决策。

软件架构的目标是安排系统结构，提升期望的质量属性。Ruth Malan 和 Dana Bredemeyer 在文章《Less is More with Minimalist Architecture》中建议设计极简主义架构。极简主义架构只关心高优先级的质量属性，只考虑如何在提升这些质量属性的同时尽量降低风险。除此以外的其他设计决策都可以悬置，等时机成熟后再决定。

极简主义架构要求我们尽可能推迟那种一旦决定就难以更改的设计决策。通常，那些不直接影响质量属性和软件交付进度的设计决策都是些细枝末节，对整体架构影响不大。这些设计决策完全可以放到架构设计之外，留给后来的设计人员决定。第 6.5 节还会进一步探讨这个话题。

推迟决策可以让我们更从容地应对软件开发大环境的变化。

2.1.3 善于借鉴
Design Is Redesign

Christopher Alexander 等人在《A Pattern Language: Towns, Buildings, Construction》一书中总结了 253 个已有较好解决方案的土木工程问题，涵盖了建筑材料、社区组织、建筑结构各个方面。如果你曾在春日的清晨，流连于路边咖啡店，品尝香浓的咖啡，那都要感谢 Christopher Alexander 将路边咖啡店的解决方案记录在书中，供后人借鉴。

善于借鉴原则鼓励我们留心琢磨熟悉的事物——研究以往的设计、探索其中的规律。随着人们开发的软件越来越多，我们在软件设计方面沉淀的知识也越来越多。你所面临的问题，其他团队可能已经遇到过，甚至有可借鉴的解决方案。你完全可以在别人的基础上开始自己的设计。又或许有人已经搭建了框架，正好可以解决你的问题。

设计软件架构之前，我们应该多花点时间研究已有的设计，而不是凭空创造一个新的出来。忽视前人的经验是最低效的架构设计方法之一。

2.1.4 化虚为实
Make the Architecture Tangible

虽然架构中的结构以代码形式存在，但代码不够直观，不适合用来讨论质量属性、组件、设计原理、决策结果之类的问题。讲解架构设计，只展示代码是行不通的，必须用其他方式把架构呈现出来。

呈现架构的方式很多，可以画出来，可以制作原型或简单的模型，可以演示部分系统的控制流程，甚至还可以打比方。这些方式能从不同的角度展示软件的结构和质量属性，方便他人理解架构设计。

化虚为实与以人为本密切相关。人们只有通过感性的认识才能理解和消化架构。分享架构的唯一方式是把它具体地呈现出来。

HART 原则是我们设计架构的基本准则和指导方针。它可以解释我们为什么要按照这样一种方式开发软件。接下来我们讲解如何在架构设计中运用它。

2.2 运用思维模式
Adopt a Design Mindset

设计软件系统需要我们从不同的角度考虑架构。设计思维模式（简称思维模式）可以帮助我们在合适的时机关注合适的细节。

思维模式分为四种：理解、探索、展示、评估（见图 2.1）。每一种思维模式都配套的方法。设计架构时，我们先选择一种思维模式，再运用配套的方法发现架构，然后不断重复这个过程。

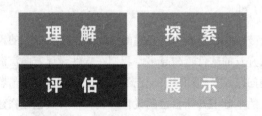

图 2.1 四种思维模式

　　本书第二部分具体讲解如何运用每一种思维模式，现在我们先来了解四种思维模式的含义。

2.2.1　理解问题
Understand the Problem

　　这种思维模式要求我们主动从利益相关方那里获取信息，清晰地描述问题。理解对方的需求其实就是站在对方的角度考虑问题。为了理解问题，我们必须了解所有与系统有关的人以及他们需要什么。

　　为了理解问题，我们既需要研究利益相关方关心的业务目标和质量属性，也要掌握开发团队自身的工作风格，这样才能把握设计的轻重缓急，取舍利弊。

2.2.2　探索想法
Explore Ideas

　　现在有一种流行的风气，将设计思维完全当做是头脑风暴。头脑风暴很好，但它只是探索想法的一种手段。我们所说的探索，是指形成一系列设计概念，确定解决问题的工程方法。

　　探索软件架构意味着尝试各种结构的组合，直到找到最能提升目标质量属性的那种组合。为了找到最佳组合，需要研究大量的模式、技术、开发方法。这种思维模式不仅能在架构规划时发挥作用，在与利益相关方协作时也能派上用场。

2.2.3　展示想法
Reason about Quality Attributes (and Other System Properties)

　　正如设计思维第四条原则"化虚为实"强调的那样，如果无法让他人理解和接受你的想法，再棒的创意也无法产生价值。展示想法不仅是为了分享，也是为了检验合理性。这种思维模式强调将脑海中的设计理念转化为有形物品。

　　最常见的展示方式是制作模型，除了线框图，你还可以制作原型、编写文档、展示数据，等等。

展示想法对于协商和制订计划非常重要。开发系统时，我们也要设法展示架构（比如通过组织代码展示架构中的模块结构）。这种思维模式是让团队摆脱"分析瘫痪"的绝佳方式。

2.2.4 评估适用性
Evaluate Fit

我们怎么知道某个设计决策是否真能解决问题呢？评估可以帮助我们发现设计决策是否合适。

评估不是要么不做，要么全做。我们既可以评估全部架构，也可以评估部分架构，还可以只评估某个模型、概念、想法。最常用的评估方法是针对不同的场景审视某一块架构，还可以通过做实验，或者通过检查决策风险来开展评估。

评估在验证架构设计时非常有用，但它的作用还不止于此。评估可以用来检查任何工作成果，判断它们是否满足我们的需求。

思维模式需要与一种循环流程配合使用，以便我们能够从一种思维模式快速切换到另一种。接下来将讲解如何使用简单的循环流程来选择和运用思维模式。

2.2.5 动手练习：理解、探索、展示、评估
Get Your Hands Dirty: Understand, Explore, Make, Evaluate

四种思维模式反映了人们解决问题的方式。即使没有接受过设计思维方面的训练，你也曾在无意中使用过这些思维模式。想想你在以往的工作中是如何利用每种思维模式的？试着举几个例子（每种思维模式举两个例子）。

可以从以下几个方面考虑：

• 你是否曾经试图理解别人面临的问题？你用的什么方法？

• 你是如何与其他人合作探索想法和备选方案的？

• 除了写代码，你有没有通过其他途径改善与利益相关方，还有团队成员的互动方式？

• 你如何评估自己的设计？用什么方法检验自己的设想？

2.3 思考、动手、检查
Think, Do, Check

　　只要开发软件系统，每天都能接触到新东西。我们了解到的每一个新事物，都可能推动软件架构发生演变，以适应新情况。为了调整我们的思维模式，跟上不断变化的环境，我们需要一套循环流程（见图 2.2）。

　　这个方法分三步：思考、动手、检查。我们称为 TDC 循环。每一次循环迭代都针对一种特定的思维模式展开。

图 2.2　TDC 循环

2.3.1 迭代学习
Iterate to Learn

　　一次循环（迭代）可长可短，短则几分钟，长则几天。我更喜欢短周期的迭代，但有时也需要较长时间深入研究。每次迭代都遵循相同的步骤，但具体执行会因采用思维模式的不同而变化。

　　思考　我们想了解什么？我们需要回答哪些问题？最大的风险是什么？想想如何制订计划获取信息，从而解答疑问、降低风险。

　　动手　制作有形的、具体的东西，方便快捷地分享思路、检验想法。

检查 慎重检查执行（上一步）的成果，以便决定下一步行动。从检查中获得的洞察和理解将告诉我们下一步做什么。然后再回到第一步—思考。

软件系统永远不会有完成的状态，顶多只有发布状态。由于软件没有止境，因此这个循环流程也就没有中止条件。无论是改进现有设计，还是创造新的架构，都可以用到这里介绍的流程。

2.3.2 组合运用思维模式
Adopt Mindsets in Any Order

你可以把四种思维模式想象成四个工具箱，每个箱子里都装着适合特定类型设计工作的工具。挑选合适的思维模式，才能在深入理解问题的同时降低风险。

理解用于获取利益相关方的诉求，并将这些诉求转化成清晰的产品需求。探索则着眼于寻找各种解决问题的模式、技术、方案。展示对系统进行建模，以便我们有具体的对象进行推演和分享。评估则对模型和需求进行验证。图 2.3 显示了四种思维模式的关系。

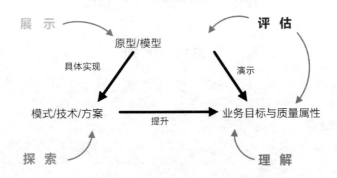

图 2.3　四种思维模式的关系

在工作中，我们需要频繁快速地切换思维模式，比如在一次对话中就可能多次改变思维模式。在后面的设计研讨会部分，我们将设置情境，要求参与者切换思维模式，以便得到理想的结果（第 9 章将讲解这方面的例子）。

有经验的架构师往往没有意识到他们在从不同的角度考虑架构设计。多年的实践经验让他们能够凭借本能和直觉做出判断。然而对一般人来说，认识这四种思维模式可以更好地帮我们跳出思维定势。如果你脑袋卡壳了，不妨换一种思维模式来破局。

2.3.3 实践：TDC 循环与思维模式
Plot Your Course: Think-Do-Check and Mindsets in Action

我们用一个具体的例子展示 TDC 循环和思维模式在实际工作中的运用。假设客户刚刚告诉我们一个新的约束条件—增加了项目的风险—系统架构因此可能无法满足性能需求。

思考 我们知道系统性能很重要，但还不清楚要达到什么样的标准。我们需要更多信息，以便进一步理解问题，因此可以采用理解模式。我们决定先找出相关的质量属性场景。

行动 用头脑风暴的方式收集质量属性场景，记录在案。

检查 团队和客户审查场景并提供反馈意见。

根据我们了解的情况，新的风险出现了。在新的约束下，我们是否还能实现质量属性从而满足场景需求呢？

思考 因为我们需要验证设计决策能否提升特定的质量属性，因此可以采用评估模式。可以设计一个实验直接测试约束对性能的影响。

行动 编写简单的脚本，用于驱动系统已有部分以及收集数据。进行实验。

检查 收集到数据后，我们检查结果得出结论：新的约束会影响性能，但只有几百毫秒的延迟。

我们做了周密的检验，发现性能下降不大，也许不是什么大问题。我们打算把结果告诉客户，同时讨论是否可以接受新约束带来的影响。

思考 为了便于沟通，我们决定采用展示模式，做一个简单的原型。我们想让利益相关方感受新约束的影响，光有图表是不够的。

行动 制作用于演示程序工作流程的原型，模拟不同条件下性能的变化。

检查 演示原型给客户看，解释为什么系统性能受到了影响。从理论上讲，几百毫秒微不足道，但是看完原型演示后，客户认为无法接受性能出现这种程度的下降。

原型让客户直观地体会到此前不了解的问题。接下来，我们再采用理解模式提炼新需求。借助探索模式检查双方对问题的理解。TDC 循环就这样继续下去。

TDC 循环非常灵活。根据系统规模、系统复杂度、团队人数、团队水平，以及你同时处理多个项目的能力，可以进行灵活应用。

2.4　预告
Next Up

设计思维将高度技术化的软件开发世界与受软件影响的人联系起来。HART 原则赋予软件以灵魂。运用思维模式则让我们明白如何更好地帮助利益相关方。

我们阐述完了理论，接下来开始动手实践吧。

自从软件出现以来，我们一直在探讨"架构先于开发"还是"架构开发并行"的问题。 像所有极端情况的讨论一样，答案其实还是落在中间。下一章将讲解如何根据实际情况来制订设计策略，以及根据系统风险选择思维模式。

第二部分

架构设计原理

Part II Architecture Design Fundamentals

第一部分介绍了设计思维的原则和模式。第二部讲解如何运用这些原则和模式完成软件架构设计。

第 3 章

制定设计策略
Devise a Design Strategy

架构设计很容易陷入混乱无序的状态。哪怕软件系统充满了各种不确定性，我们也必须制订计划。凡事预则立，只有凭借稳固的设计策略，才能应付各种不确定性。

设计思维擅长为复杂问题寻找解决方案，它不是一蹴而就地解决问题，而是强调学习和实验的重要性。有人认为检验架构要先将其实现，但我们的做法是在设计过程中逐步验证架构的各个部分，同时运用思维模式和 TDC 循环确定下一步做什么。

第 2 章讲解了设计思维的基本原则和用法。本章将继续学习如何根据系统风险选择思维模式，并将其作为设计策略的一部分。

3.1 找到够用的设计
Find a Design That Satisfices

在理性世界里，我们可以先完整地定义问题，然后再设计完美的架构解决问题。很可惜，我们生活的不是一个理性的世界。Herbert Simon 在《The Sciences of the Artificial》一书中创造了"有限理性"（bounded rationality）一词，用来描述由时间、资金、技术、知识等限制造成的障碍，这些障碍增加了解决复杂问题（如软件开发）的难度。

我们的目标不是理性地寻找最佳设计，而是找到一个够用的设计。只要能满足需求、令人满意，就是够用的设计。

与其将软件架构视为一种设计优化，不如通过强化以下方法来寻找够用的设计。

将解决方案看成实验。架构师不是无所不知的技术先知。应该把每个可能的解决方案都看成待验证的实验。验证的速度和效率越高，找到合适的组合结构的时间就越短，利益相关方就能越快受益。

设法降低风险。架构是软件系统的基础。如果架构出错，那一切都完了。架构师必须时刻考虑哪些地方可能出错，并据此展开设计。根据风险决定接下来设计什么。

努力简化问题。简单的问题通常也有简单的解法。简化问题的方法很多，比如减少利益相关方的数量可以减少冲突的观点。再比如增加或减少约束条件，关注问题的子集，也可以降低复杂度。识别常规问题也是一种方法，常规问题通常有现成的解决方案。找出常规问题，然后运用集体经验解决。

快速迭代学习。我们学习得越快，就探索得越多，对解决方案也就越有信心。如果有可能失败，越早知道越好。失败得越快就学习得越快。设计周期太长往往是因为目标过于宏伟抽象，相比之下，我们更喜欢能产生具体成果的频繁迭代设计。

同时考虑问题和解决方案。在《Notes on the Synthesis of Form》一书中，Christopher Alexander 展示了如何一边考虑解法，一边定义问题。问题的边界是由可能的解法勾勒的。为了理解问题，我们必须探索各种解决方案，而为了更好地探索解决方案，我们又必须加深对问题的理解。设计软件架构需要我们同时考虑问题及其解决方案。在架构设计初期试着编写一些代码，就是这种策略的具体运用。

避免"完全理性"的设计不是放弃理性和计划，我们仍然要事先做一些架构设计工作，确定哪部分架构马上设计，哪些以后再考虑。尽早制订出这样的设计策略，既可以让团队明白架构将如何生长，也能培养各方对项目的信心。

3.2　决定前期做多少架构设计
Decide How Much to Design Up Front

所有软件系统都有架构，都离不开架构设计。如果前期不设计架构，那么开发出来的系统很可能不符合要求。用适当的时间设计架构能降低未来返工的风险。不过，如果前期在架构设计上花的时间太长也会耽搁开发，延误交付。

软件系统的规模和需求各不相同，但每个系统都有一个设计的最佳平衡点——在开发之前用最适当的时间设计架构。

3.2.1　寻找设计的最佳平衡点
Find the Design Sweet Spot

在《Architecting: How Much and When》一书中，Barry Boehm 证明了开发、架构设计、返工是构成项目工期的三个主要部分（见图 3.1）。返工包括弥补设计缺陷、重写代码、改正错误等。要找到最佳平衡点，必须整体考虑设计成本，以及为了完成系统不可避免的返工。

开发
架构设计
十　返工（弥补缺陷，重写代码，改正错误）

项目总工期

注意：增加架构设计时间，
可以缩短开发时间，减少返工

图 3.1　项目工期构成

最佳平衡点主要由软件规模、需求变更、系统复杂度决定。Boehm 证明随着架构规划时间的增加，返工量会逐步减少（见图 3.2）。图上方的实线是架构设计时间与返工时间之和。

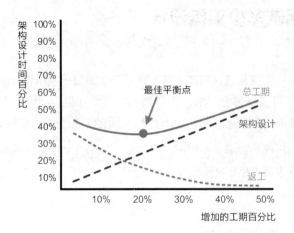

图 3.2　最佳平衡点的位置

　　在这个例子里，当用于架构设计的时间少于 20％时，最终的项目工期随着架构设计时间的增加逐步减少，但边际收益在递减。随着架构设计时间的进一步增加，虽然返工量仍然会减少，但整个项目工期反而变长。

　　Boehm 还研究了随着系统规模变化，最佳平衡点的变动情况（见图 3.3）。这些数据可以用来评估你的架构设计时间是否在合理范围内。

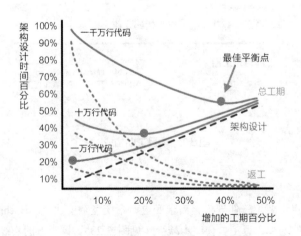

图 3.3　系统规模影响最佳平衡点的位置

这张图包含了一些重要信息，我们分析一下其中要点。

软件系统越大，前期做架构设计的获益就越大。据 Boehm 研究，大型软件系统（一千万行代码左右）将 37% 的时间花在架构设计上是一个明智的选择。

软件系统越小，做前期架构设计的获益就越小。据 Boehm 研究，小型软件系统（一万行代码左右）花在前期架构设计上的时间不应该超过 5%。在某些情况下，与其投入大量时间做前期架构设计，不如直接重写小型软件系统。

前期架构设计做得不够，要对后期返工做好心理准备。小型软件系统不做过多的前期架构设计可以缩短整体工期，但是返工还是不可避免的。对此要做好准备，设计上可能存在的变动应该在计划里体现出来。如果前期架构设计做得不够，系统越大，后期折腾返工的概率就越高。

前期架构设计的投入越多，后期返工就越少。前期架构规划有助于减少错误，如果你更重视项目进度的可控性，而不在乎效率，可以多花时间做前期架构规划（哪怕是小型系统）。而对大型软件系统而言，前期架构规划是必不可少的。

用系统规模来估计前期架构设计的工作量很方便，因为规模很容易衡量和预估。不过也有团队用系统复杂度来决定前期架构设计的工作量，毕竟大型系统可能很复杂，但并非所有复杂的系统都很庞大。而对于可以用常规解决方案处理的系统，即使规模很大也可以不做太多的前期架构规划。

估计前期架构设计工作量的另一个考虑因素是需求波动。重大需求一旦发生变化，精心打造的计划也会泡汤。如果你预计系统需求有可能发生大的波动，那么可以推迟做出关键决策，同时尽量采用轻量级的设计方法和文档。

3.2.2 示例：架构对总工期的影响
Example: Impact of Architecture on Total Schedule

假设我们正在开发一个规模约为十万行代码的系统，预计开发周期 100 天。根据 Boehm 的数据，如果我们只用 5% 的时间做架构设计，那么项目总工期将延长 43%。如果我们在架构设计上投入更多时间，如开发周期的 17%，那么项目总工期只会延长 38%。

当然，继续延长架构设计时间并不意味着总工期会一直缩短。假设我们用三分之一的开发周期设计架构，尽管这样做可以减少返工，但整个项目工期却延长了约 40%，总工期反而变长了。表 3.1 列出了示例项目的工期变化情况。

表 3.1 工期变化情况

架构设计时间	返工时间	总工期
5 天	38 天	143 天
17 天	21 天	138 天
33 天	7 天	140 天

Boehm 的研究让我们大致了解了应该花多少时间设计架构，但我们还不知道何时开展设计，以及何时运用第 2 章介绍的思维模式。其实 Boehm 也做了这方面的研究，在《Using Risk to Balance Agile and Plan-Driven Methods》一书中，Boehm 和 Richard Turner 建议用风险决定何时关注架构。只要以正确的方式看待风险，我们就可以借助它确定设计内容，并且让利益相关方参与设计过程。

3.3 用风险做向导
Let Risk Be Your Guide

每一次与新项目的利益相关方见面后，我都会预感项目有风险。这是正常的，如果没有这种感觉，那我反而要担心。值得开发的软件总是有风险的。在新项目开始时，你感到不安是很自然的。毕竟，如果我们一开始就什么都知道，对要开发的东西没有任何疑问，那还要架构师做什么？

应该充分利用这种不安。风险是很好的指示器，它提醒我们什么东西会构成障碍。凭直觉写下你对系统的担忧和顾虑，对它们排序，列出优先级，把风险最高、最麻烦的排在前面。然后，选择合适的思维模式降低风险。

直觉告诉我们从哪里开始，但它不会告诉我们如何前进。我不喜欢拿直觉跟我的老板说事："嗨，威尔，我不确定是不是因为我午餐所吃了墨西哥卷饼还是什么，总之我对数据增长时系统的扩展方式有种不好的预感。"直觉告诉我们哪儿不对劲，但是要完成工作，我们不能仅仅依靠直觉。

3.3.1 确定条件和后果
Identify Conditions and Consequences

风险是未来可能发生的糟糕的事情。对于已经发生的，应该称之为麻烦。我们常说的"万一…"则属于猜测。整天做各种猜测不会让我们更接近实用的架构。与其猜测，不如利用已知的条件决定下一步怎么做。

描述风险需要两个部分：条件和后果。条件是当前的实际情况，后果是由条件引发的、将来可能出现的不良状况。我建议用一种简单的模板记录风险：条件；后果。图 3.4 是用上述模板描述风险的一个例子。

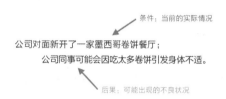

条件：当前的实际情况

公司对面新开了一家墨西哥卷饼餐厅；
公司同事可能会因吃太多卷饼引发身体不适。

后果：可能出现的不良状况

图 3.4 描述风险的示例

我们可以通过多种方式降低或消除这个例子里的风险：

降低概率。每周安排几天订餐到公司来吃，并举办合理膳食的讲座。

减少影响。在办公室供应抗酸剂。

减小风险发生的时间窗口。在午餐时安排会议，这样大家只能晚餐吃卷饼。

移除条件。将办公室迁到新地点；或者更改班次时间表，让每个人只能在晚间餐馆关闭时工作。

接受现状，什么也不做。有时人们是会吃很多卷饼（还有好吃的鳄梨酱）。我们可以等出现问题时再着手处理。

只有清楚条件和后果，才能决定如何处理风险。为了对比，表 3.2 列举了几种不够清晰的描述风险的方式。

表 3.2 糟糕的描述风险的方式

糟糕的描述	分析原因
新开了一家墨西哥卷饼餐厅。	然后呢？没说明后果。
同事可能会无节制地吃墨西哥卷饼。	我们为什么要担心这个呢？
吃太多墨西哥卷饼会让人生病。	没错，但这与我的团队有什么关系呢？
如果同事吃太多墨西哥卷饼，他会生病。	如果放射性陨石落在办公室，我们也会生病。为什么要担心墨西哥卷饼？

3.3.2 借助风险选择思维模式
Use Risk to Choose a Design Mindset

软件架构设计是一项降低风险的活动。只要你为系统担心，就表明项目有风险。如果你能用清楚的"条件；后果"描述风险，就能用它指导自己的设计活动。

下面我列举几个以往项目中的风险，以及团队降低风险的对策。

模型训练服务最初是为其他目的开发的；新请求可能会导致其过载。

思维模式：理解、评估

对策：与开发模型训练服务的团队进行沟通，了解其可伸缩性；做实验测算吞吐量。

数据处理将消耗大量的时间和资源；可能无法顺利完成处理任务。

思维模式：探索

对策：头脑风暴，探讨提高可靠性的方法，研究任务调度模式，寻找可缩短处理时间的替代设计方案。

需要大量数据训练统计模型；数据的存储成本高，模型可能无法盈利。

思维模式：展示

对策：建立成本估算模型，向利益相关方展示各种设计方案的利弊；通过调整待办列表（backlog）的优先级减小风险的时间窗口。

存储的数据可能包含敏感的客户信息；对数据进行隔离的要求超出了我们的能力范围。

思维模式：评估

对策：根据需求对可用的计算平台进行打分。

风险帮我们决定设计内容；思维模式帮助我们制订降低风险的策略。在面对必须降低的风险时，首先确定可以解决的部分：风险的条件、影响、概率、时间窗口。然后选择一种思维模式。表 3.3 列可以帮助你选择合适的思维模式。

表 3.3　选择思维模式

如果	可以尝试
要解决的问题还不确定，对于利益相关方和 其他系统参与者，还需要更深入的了解。	理解
解决方案还不确定，需要充分了解可选的方案。	探索
利益相关方不完全了解准备实施的方案。	展示
在设计决策上举棋不定。	评估

风险就像设计的 GPS，它们告诉我们在哪里，要去哪里，还有多少路要走。别忘了借助第 2 章介绍的 TDC 循环，考虑风险并决定下一步该做什么。

3.3.3　风险降低后转为被动设计
Shift to Passive Design Once Risks Are Reduced

在《恰如其分的软件架构》一书中，George Fairbanks 告诉我们，架构师应该努力将技术风险降低到架构不再是系统中最大风险源的地步。一旦将架构风险降低到"恰如其分"的状态，我们就可以考虑将时间花在其他地方了。

如果架构不再是系统中最大的风险源，就可以从主动设计转为被动设计（见图3.5）。主动设计是指主动设法降低架构风险。被动设计是指监控系统运行表现，只在必要时采取纠正措施。

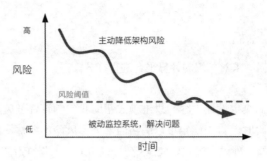

图 3.5　风险降低后，主动设计转为被动设计

千万别掉以轻心，进入被动设计后仍然有很多工作可以做，比如进一步修改和完善文档，再比如根据出现的新情况对架构进行微调。你还可以通过结对编程和代码评审来培训团队成员。最重要的是我们还要继续与架构变异（architectural erosion，参见第 12 章）和其他问题做斗争。

此外，架构还可能随时重新成为重大风险源，这可能是由于新的风险出现了，或者系统的实现偏离了计划。我们也许会发现先前的假设是错误的，或者现实环境发生了变化。当这些事情发生时，就需要切换回主动设计模式，根据实际情况调整架构。

现在你已经大致知道如何借助风险决定设计什么，我们来试着制订一个架构设计计划，综合运用本章学到的内容。

3.4　制订设计计划
Create a Design Plan

设计计划指出团队在架构设计上分配时间的总体策略。要花多少时间做前期分析？预计需求是否会出现变化？何时开始编写代码？良好的设计计划应该提出目标并解释这些细节。

设计计划不一定是正式的时间表，但还是要体现你的思路。可以将计划记录在简单的文档里（如第 16 章介绍的"启动计划书"），内容包含如下几个方面：

结束设计的条件　是限定前期设计的时间，还是无论花多长时间都会不断通过设计来降低风险？是在开始写代码前做尽量少的前期设计，还是尽可能完整地做好架构规划？各个部分的实施可以独立开展么，还是某些部分需要一起开始？这里没有标准答案。结束条件在很大程度上取决于团队、利益相关方、项目背景的实际情况。

必要的设计成果　在开始之前，告诉大家你准备如何记录架构设计。是画在白板上然后拍照，还是用传统的文档记录？团队是否有现成文档模板？设计成果（用例、类图、UML 模型图、设计文档等）应该存储在哪里？

时间节点　给出关键设计工作的时间节点。大型项目通常有一个特意安排的阶段，用于收集需求和探索架构。较小的项目或维护项目通常会定期安排设计工作。无论如何，你至少应该给出对架构设计有重大影响的事件（需求审查、设计审查、设计评估等）的时间节点。此外，还要给出与利益相关方会面的时间节点。在你认为开发工作即将开始时，或者要确定初期工作包含的范围时，都要召集相关会议。

重大风险　我们使用的是风险驱动的设计方法，因此应该将重大风险也放到设计计划里。在软件系统的整个生命周期中（尤其是在做前期架构设计时），你应该不断回顾风险列表。

概念架构设计　可以先从可行的解决方案里选择一个。别忘了，思考解决方案可以更好地帮我们定义问题。概念架构不需要很复杂，你可以画一张草图，只要能表达初步的设计想法就行。

不同的软件系统需要的设计时间从数小时、数天，到数月不等。无论需要多长时间，只要你记住第 2 章介绍的设计思维的四条原则，专心寻找够用的设计，那么应该能在需要时间里找到一个可行的解决方案。

3.5　Lionheart 项目：目前的进展
Project Lionheart: The Story So Far···

下周我将与市长以及其他利益相关方会面，收集需求。离项目截止日期大约还有六个月。我们需要尽可能快地交付。项目的核心功能需求是以现有流程为基础的，所以需求出现变化的可能性比较小。

解决方案似乎是很典型的数据驱动的 web 应用，带有一些搜索功能。根据市长的描述，安全和隐私可能会是关键问题。我们还知道市政府的 IT 部门未来会接管我们开发的系统。该部门可能会对项目有一些特殊的要求。

我把访问议程发给了云顿市长。我们面临的最大风险可以通过挖掘信息来确定，所以现在我要把精力放在了解利益相关方的需求上。我认为这个项目不需要做过多的前期设计就可以着手开发，哪怕这样做可能会导致某些部分未来需要重写。团队会在为期两周的设计后立即开始编写代码。

3.6 预告
Next Up

本章学习了如何借助风险规划设计活动。风险可以帮助我们决定做多少前期架构设计，以及采用哪种思维模式解决问题。

许多团队开发新系统的第一个风险是理解软件的受益对象。第 4 章将学习运用理解思维模式，设身处地地理解软件的服务人群。

只有站在利益相关方的角度看待问题，你才能更深入地理解他们的实际需求。理解了利益相关方的实际需求，就能增加解决问题的机会。

第 4 章

换位思考
Empathize with Stakeholders

搞清楚到底要解决什么问题，往往是说起来容易做起来难。我们开发软件是为了服务于人，因此必须理解受软件影响的人。只有理解他们的需求，才能搞清楚到底要解决什么问题。

我们把与软件有关、受软件影响的人称为利益相关方（者）。架构师有责任确定利益相关方并了解他们的需求。利益相关方对系统的期望将直接或间接影响我们的设计方式。

换位思考（empathy，也叫同理心）是推动设计的引擎。只有站在利益相关方的角度思考和处理问题，才能开发出更好的软件。本章将学习在开始设计架构之前，如何决定与谁讨论你要解决的问题，以及你要从他们身上了解什么。

4.1 找合适的人交谈
Talk to the Right People

利益相关方通常（但并非总是）与软件有商业利益关系。他们可能会为软件付费或者从中获利。用户是重要的利益相关方，开发系统和维护系统的人也是。有些人甚至没有意识到软件会对他们造成影响，但有时也要考虑他们的意见。

通常情况下，利益相关方不止一个人。与团队合作不同于与个人合作，来自同一利益相关方的两个人可能会提供不一致甚至相冲突的信息。我们必须设法了解整个团队的想法，有时甚至需要帮助他们达成共识。图 4.1 列举了 Lionheart 项目的利益相关方以及他们的想法和感受。

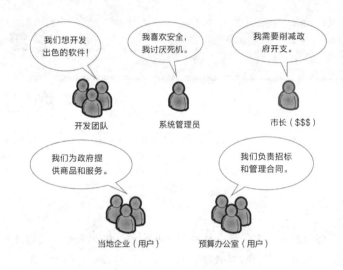

图 4.1　Lionheart 项目利益相关方的想法

利益相关方关心我们开发的软件，他们将影响架构设计。我想邀请利益相关方参加未来的设计研讨会，因此先要确定他们是谁。这就得用上利益相关方关系图（stakeholder map）了。

4.2　创建利益相关方关系图
Create a Stakeholder Map

利益相关方关系图呈现了与软件系统有关联或受其影响的人，它将人与人之间的关系和互动进行可视化的呈现。这张图还能大致展示不同利益相关方的动机，你可以用它确定需要沟通的关键人物。

Bett 的建议：客户至上
Bett Bollhoefer，通用电气软件架构师

架构是为客户服务的。如果我设计的架构不能给客户带来价值，那我就是在浪费时间。我经常听到客户抱怨以前的系统有多么难用，那些系统的开发者端坐在象牙塔中，一点都不理解他们或他们的工作。那我又如何确保架构能够为客户带来价值呢？

我的办法是运用以客户为中心的设计流程。先搞清楚谁是客户，他们想做什么。然后将系统按照客户的任务进行划分。我会了解每项任务的启动步骤，以及哪里容易出问题。

你可能会想这不像是设计架构，倒像是设计用户体验！没错，只不过很多用户体验设计师不懂技术，所以无法设计架构。我的工作由表及里，确保深层结构能实现客户价值。我称之为客户体验架构。

第 1 步：观察客户在正常情况下如何完成任务，向对方提问，确定对客户至关重要的事项，包括功能需求和质量属性需求。

第 2 步：围绕客户的需求设计系统并记录在原型里。原型应尽可能具有交互性，而不仅仅是流程图。

第 3 步：尽早与客户一起评审原型。确保对方真正了解新系统的变化，以及这些变化对他们的影响。

第 4 步：根据客户评审会上的反馈修改调整架构设计。

运用这四个步骤，你就能通过你的架构为客户创造价值，并成为他们的英雄，至少不会成为高坐在象牙塔里破坏客户生活的人。

我每次画利益相关方关系图都会感到惊讶——我开发的软件竟然影响了这么多人。图 4.2 是 Lionheart 项目利益相关方关系图的局部。

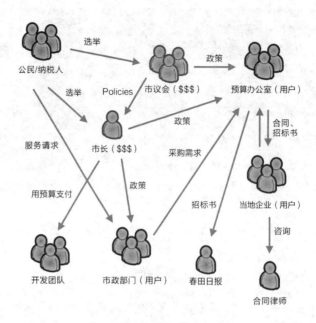

图 4.2 Lionheart 项目利益相关方关系图（局部）

为简单起见，这张图省略了部分次要角色，比如 IT 供应商、商会（或其他游说组织）、副市长以及从该市获得服务的各种社会团体。图中的政府部门还可以做进一步划分，比如教育委员会、公共娱乐部门、市政工程、卫生系统等。由于这些部门在系统中具有相似的作用，因此我把它们归并在一起。不过一般来说还是应该尽可能地明确划分。

现在我们看看这张图。谁为软件付费？谁使用软件？有没有人处在关系图的中心（有许多指入或指出的箭头）？有没有人存在潜在的利益冲突？这些都是你首先应该见的人。我从中看到了一些应该进一步调研的地方。

1. 云顿市长聘请了我们，我们向他汇报工作，但预算办公室（OMB）同时接受市长和市议会的政策指导。

2. 软件会影响许多市政部门，但我们无法与所有部门交流。应该先确定一些有代表性的部门，然后根据我们的发现扩大验证范围。

3. 当地企业依靠律师处理招投标流程。各种交互模式可能会影响架构。

4. OMB 是系统的互动中心。虽然 OMB 不为软件系统买单，但我们应该直接与 OMB 沟通。市长和市议会提出的方案可能无法解决 OMB 的问题。

你可以自己画利益相关方关系图，不过与团队一起画会更有趣。具体步骤会在第 14.10 节介绍。

4.2.1　动手练习：创建利益相关方关系图
Get Your Hands Dirty: Create a Stakeholder Map

挑选一个你使用过或参与过的开源项目，为其绘制利益相关方关系图。拍照，然后分享到本书的论坛上[1]。

绘制时需要考虑以下几个方面：

- 是否有组织监督或资助项目？组织内是否存在拥有不同既得利益的团体？

- 谁是该项目的最大贡献者？

- 项目如何授权？谁会从项目的授权中获益？

- 谁在使用该项目？他们要解决什么问题？

4.3　了解业务目标
Discover the Business Goals

所有软件系统的开发都是为了满足业务目标。业务目标是利益相关方希望通过软件实现的东西。谈论系统的质量属性、权衡取舍、技术债务都要以业务目标为基础。

业务目标是架构的主要驱动因素。当多个需求发生冲突时，可以根据业务目标对它们进行优先级排序。表 4.1 汇总了常见的业务目标。

描述业务目标应该使用简单明了的文字，从需求出发，阐明利益相关方想从软件系统中获得什么。

---

[1] https://pragprog.com/book/mkdsa/design-it

表 4.1　常见业务目标

主体	目标
个人	增加收入，扩大知名度，享受生活，获取知识。
组织	增加营收，实现利润最大化，发展业务，成为市场领导者，提高稳定性，进入新市场，击败竞争对手。
员工	获得工作意义，获取知识，帮助用户，成为专家。
开发团队	提升指定的质量属性，降低成本，增加新功能，实施标准，缩短上市时间。
国家/政府	安全、福利、社会责任、公民遵纪守法。

4.3.1　记录业务目标

Record Business Goal Statements

清晰的业务目标应该是可衡量的，有明确的成功标准。这样的业务目标至少包含三个方面：

主体　特定的人或角色。如果利益相关方有名称，那就加上名称。仓鼠培训师联盟就比联盟组织更具体、更好。

结果　用可衡量的结果表达利益相关方的需求。如果系统成功，会带来哪些变化？你设计的架构将实现这一结果。举个例子，仓鼠培训师联盟可能需要一种方法来帮助成员保持联系。

背景　背景信息有助于我们进一步理解利益相关方的需求。背景信息中往往隐含着重要内容。假设仓鼠培训师联盟的年会有超过 500 万成员参加，这实际上让我们对前面讨论的结果有了更深入的理解。

用表格记录业务目标往往更易于阅读。表 4.2 列出了 Lionheart 项目的业务目标。

表 4.2　Lionheart 项目的业务目标

利益相关方	业务目标	背景
云顿市长	降低 30% 的采购成本。	避免在选举年削减教育或其他基础服务的预算。
云顿市长	提升本地企业的参与度。可衡量的数据：首次参与投标的本地企业数量，本地企业中标的比例。	希望本地企业中标以改善本地经济。
预算办公室	招标时间缩短一半。	改善整个城市的服务，同时降低成本。城市服务缺少资金会影响市民。设想：女子篮球比赛中没有卫生纸，急救医疗队缺少足够的注射器。
预算办公室	查看过去 10 年的历史采购数据。	企业行为具有某种稳定性，查看历史数据有助于审查报价。

大多数系统只有三到五个业务目标。更多的目标将难以理解和记忆。与多个利益相关方合作时，一定要标注目标的相对重要性，比如写上必须有（must have）或者最好有（nice to have）能起到很好的效果。

4.3.2　帮助利益相关方描述业务目标
Help Stakeholders Share Their Business Goals

虽然利益相关方通常知道他们想要什么，但大部分人很难将需求用可衡量的方式描述出来。架构师应该准备一些简单的模板，帮助利益相关方表达需求。图 4.3 展示了我常用的一个模板，可以帮助利益相关方表达想法和观点，我们称之为观点填空。它跟用户故事很像，但主要用来描述用户期待从系统中获取的价值，而不仅仅是描述功能。其他业务目标模板将在第 14.8 节中详细介绍。

架构师应该与产品经理或其他业务相关方合作，确定系统的业务目标。这些人通常可以毫不费力地描述系统的业务目标。如果他们也不能清楚地描述业务目标，你们应该一起搞清楚，别忘了他们也要对项目负责。

云顿市长希望降低 30% 的采购成本

（利益相关方）　　（利益相关方的需求）

因为他不想削减其他基础服务的预算。

（背景）

图 4.3　观点填空

4.3.3　动手练习：为系统创建业务目标
Get Your Hands Dirty: Create Business Goals for This System

根据下面的描述，指出系统的业务目标，完成观点填空。

跳豆杂货店是一家连锁零售店。自从几个月前附近另一家杂货店开业后，跳豆杂货店发现自己销售额下降了。为了吸引顾客，跳豆杂货店聘请你的团队开发一款移动应用，购物者可以在应用里创建购物清单、搜索食谱、收藏电子优惠券。跳豆杂货店希望应用能够吸引客户，同时收集客户数据以便推送定制的广告。可以从以下几个方面考虑：

- 谁是利益相关方？他们希望获得什么？

- 谁是用户？他们想要什么？（提示：这与软件本身无关。）

- 可能发生的最坏情况是什么？考虑最坏的情形有时可以帮助发现业务目标。人们通常都不希望这种事发生。

4.4　Lionheart 项目：目前的进展
Project Lionheart: The Story So Far···

云顿市长向我们介绍了他的关键战略目标，这给我们的产品经理提供了良好的起点。她要做的第一件事是与其他利益相关方核对市长的业务目标。根据先前制作的利益相关方关系图，产品经理决定先与预算办公室负责人以及市议会的两名议员会面。

我们的产品经理牵头组织了利益相关方会面。我也参加了会面，以便更好地理解对方的需求。产品经理使用业务目标模板记录了业务目标。我们团队与云顿市长及预算办公室一起审核了业务目标，验证我们的理解是否正确。产品经理将业务目标添加到项目的维基页面，方便大家阅读。

在与利益相关方讨论业务目标时，我们收集到了很多功能需求，以及与质量属性有关的一些痛点。由于我们很好地掌握了业务目标，再挖掘其他的关键架构需求会容易得多。

4.5 预告
Next Up

换位思考对架构设计很重要。只有清楚利益相关方是谁以及他们希望得到什么样的帮助，我们才能做出更好的设计决策。业务目标能帮助团队消化利益相关方对软件的希望和期待。

理解业务目标很重要，但这还不足以告诉我们软件应该做什么或者如何运作。我们还要进一步确定系统需求。架构师需要的信息与传统的需求文档并不完全相同。第 5 章将学习如何从软件架构的角度看待需求。

第 5 章

挖掘关键架构需求
Dig for Architecturally Significant
Requirements

所有设计讨论都离不开是谁、是什么、为什么。第 4 章学习了确定受软件影响的人（是谁）以及他们关注软件的原因（为什么）。本章学习从软件架构的角度定义需求（是什么）。

关键架构需求（architecturally significant requirement，ASR）是显著影响架构中的结构选择的需求。架构师有责任确定对架构有重大影响的需求。ASR 通常分为四类。

约束 给定或选定的不可更改的设计决策。

质量属性 外部可见特性，表征系统在特定环境下的运行情况。

影响较大的功能需求 架构设计需要特别注意的特性和功能。

其他影响因素 时间、知识、经验、技术、办公室政治、你的技术特长，以及其他影响决策的东西。

让我们仔细研究一下这四类 ASR，学习如何与利益相关方合作定义它们。

5.1　用约束限制设计选择

Limit Design Options with Constraints

约束是外界限定的或自己选定的不可更改的设计决策。软件系统都有约束。适当的约束可以简化问题，但是过分的约束则会增加设计难度。约束会影响技术上或业务上的选择。业务约束限制了对人员、流程、成本的选择；技术约束则限制了对可用技术的选择（见表 5.1）。

表 5.1　技术约束和业务约束示例

技术约束	业务约束
编程语言（必须能在 Java 虚拟机上运行）	团队组成与结构（X 小组开发 Z 组件）
操作系统或平台（Windows、Linux、BeO）	进度与预算（必须在展会前完工，成本低于 80 万美元）
组件和技术（数据库只能用 DB2）	法律限制（授权许可限制，每天只有 5GB）

5.1.1　明确约束

Capture Constraints as Simple Statements

应该用简洁的方式描述约束及提出方。Lionheart 项目的约束如表 5.2 所示。

表 5.2　Lionheart 项目的约束

约束	提出方	类型	背景
必须开源	云顿市长	业务约束	政府有开放政策，必须允许市民访问源代码。
必须使用浏览器	云顿市长	技术约束	降低交付和维护难度。
必须在第三季度结束前交付	云顿市长	业务约束	不能影响年底财务结算。
必须支持新版 Firefox 浏览器	政府 IT 部门	技术约束	Firefox 是政府统一支持的浏览器。
必须用 Linux 服务器	政府 IT 部门	技术约束	尽可能使用 Linux 和开源软件。

约束一旦确定，就不能再讨价还价，因此接受约束一定要慎重。"必须这么做，否则项目就会失败"和"尽量这么做，除非有合适的理由"有着天壤之别。

随着系统逐渐成形，设计决策有可能变得越来越像约束。区分自己的设计决策与给定的约束越来越困难。系统不再简洁、敏捷、有延展性。最后，早期的设计决策有可能变成了设计师的枷锁，让修改架构变得极其困难。

架构设计一定要仔细区分自己的决策与外界的约束。这虽然很困难，但你总是有权选择更改束手束脚的设计决策。

5.2 定义质量属性
Define the Quality Attributes

质量属性描述了软件系统的外部可见特性以及我们对系统运行的期望，它也定义了系统执行某些操作时的表现。系统的这些能力有时也称为质量需求。表 5.3 列出了《Software Architecture in Practice》一书描述的常见质量属性。

表 5.3　常见的质量属性

设计属性	运行属性	感知属性
可修改性	可用性	可管理性
可维护性	可靠性	可支持性
可复用性	性能	简单性
可测试性	可伸缩性	指导性
可构建性或开发时间	安全性	

每个架构设计决策都至少会提升或抑制一个质量属性。大多数设计决策在提升某些质量属性的同时抑制了其他的质量属性！牺牲某个质量属性换取另一个质量属性，架构的结构选择就是这样逐步实现的。

挖掘关键架构需求主要就是为了确定系统的质量属性。质量属性会在整个设计过程中用来指导挑选技术、结构、模式，以及评估设计决策的合理性。

> \\/ **Joe 提问:**
> 😕 **质量属性是非功能性需求吗?**
>
> 软件工程教科书通常会讨论两类需求:功能需求描述系统行为;非功能性需求描述功能需求之外的其他系统需求,包括质量属性和约束。
>
> 设计软件架构必须区分功能、约束、质量属性,因为每种需求背后有不同的驱动力。例如,约束没有谈判余地,而质量属性则可以取舍。
>
> 是的,质量属性是非功能性需求,但这样分类有点怪,因为质量属性场景中也隐含了功能部分。质量属性仅在系统运行时才有意义。在质量属性场景中,软件的响应是某些功能的直接结果。

5.2.1　用场景描述质量属性
Capture Quality Attributes as Scenarios

质量属性听起来很抽象(可扩展性、可用性、性能等)。应该赋予这些词汇更具体的含义。解决办法是用质量属性场景来明确地描述质量属性。

质量属性场景描述了系统如何在特定环境下运行,每个场景都包含刺激和响应。质量属性场景与功能需求的不同之处在于:前者对响应做了明确的限定,并给出了度量方式。也就是说,系统除了能够正确响应,如何响应也很重要。图 5.1 直观展示了质量属性场景的六个元素。

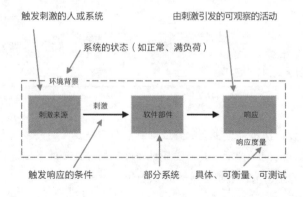

图 5.1　质量属性场景的六个元素

刺激　刺激是一个需要系统以某种方式做出响应的事件。刺激启动了一个场景，其类型由质量属性的类型决定。例如，可用性场景的刺激可能是节点变得不可用了，而可修改性场景的刺激可能是一个变更请求。

来源　刺激的来源，可以是人或系统，比如用户、系统组件、外部系统。

软件部件　系统的某个部分，场景描述中定义了其特征。也可以是整个系统或特定组件。

响应　外部可见的活动，在软件部件受刺激后发生。刺激引发响应。

响应度量　定义响应成功的标准和条件。响应度量必须是具体、明确、可衡量的。

环境背景　描述了场景中系统的操作环境。环境背景一般要明确说明（即使一切正常）。异常环境（如满负载、故障情况）尤其值得注意。

图 5.2 展示了美国国家航空航天局（NASA）喷气推进实验室（JPL）火星探测机器人的可移植性场景。

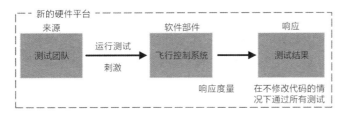

图 5.2　火星探测机器人的可移植性场景

请注意，示例中的原始场景描述并未提及具体的响应度量。原始场景描述很简单，它是形成更精确的质量属性场景描述的基础。之所以称其"原始"，是因为它距离合格的场景描述还差一点"火候"。我们可以把原始的场景描述作为讨论的起点。

质量属性场景的六个元素并非要逐点详细说明。只要说明刺激、来源、响应、响应度量，大致就够了。在异常情况下，还应加上对环境背景的说明。表 5.4 给出了 Lionheart 项目的质量属性场景。

表 5.4 Lionheart 项目的质量属性场景

质量属性	场景	优先级
可用性	招标数据库无响应时，系统应记录错误日志，并在 3 秒内用历史数据代替。	高
可用性	用户搜索公开的招标文件，一年中 99% 的时间都能正常获取结果列表。	高
可伸缩性	可以在计划维护窗口（7 小时）内添加新服务器。	低
性能	当系统处于每秒 2 次搜索的平均负载时，用户可在 5 秒内看到搜索结果。	高
可靠性	招标文件更新应在变更后 24 小时内反映出来。	低
可用性	用户触发的更新（如收藏招标文件）应在 5 秒内反映在系统中。	低
可用性	统可以处理每秒 100 次搜索的峰值负载，平均响应时间下降不超过 10%。	低
可伸缩性	预计数据增长率为每年 5%，系统应该能轻松应付。	低

合格的质量属性场景应该表达需求的意图，确保所有人都能理解。如果能做到精确、可衡量，那就更好的。两个人阅读同一份质量属性场景，应该能够对系统的可伸缩性、性能、可维护性有相同的理解。

5.2.2 寻找具体可衡量的响应度量
Strive for Specific and Measurable Response Measures

给出响应度量，一开始需要根据你自己的经验来估计可能的数值。将利益相关方设想为站在你面前的稻草人，试着与之对话（详见第 14.9 节）。"将系统移植到单片机上，需要花九个月时间，可以接受吗？""六个月呢？"最终，你会找到与利益相关方达成共识的响应度量。

良好定义的响应度量是可测试的。在项目初期，架构可能只存在于纸面上，但可运行的系统迟早会出现。如果你不知道如何对场景进行测试，那么这个场景实际上就缺少具体、可衡量的响应度量。

选择恰当的响应度量

我所在的团队曾经负责为军事作战系统开发模拟试验台。试验台的作用是连接全球的十几个军事基地，以便可以模拟战争。为了进行测试，我们会模拟一个生成假飞机的场景。所有基地都会探测模拟飞机，作战系统也会处理传感器数据，就像这些飞机是真的一样。

模拟试验台具有极其严格的时延需求。如果所有基地在一个狭窄的时间窗口内没有收到相同的模拟数据，那么这些飞机就像在天空中忽隐忽现。更糟糕的情况是只有一部分基地能发现飞机。时延过长将使系统测试失去意义。

对数据进行分析后，我们才发现测试平台传输数据的速度必须比光速更快才能正常工作。而这样的响应度量太不现实。也许要等到量子纠缠网络实现后，重新审视这个问题才有意义。

5.2.3 动手练习：确定质量属性场景
Get Your Hands Dirty: Refine These Notes into Quality Attribute Scenarios

我们收集了 Lionheart 项目的几条需求。找出每条需求中的质量属性，并确定正式的、由六个元素组成的质量属性场景。

- 用户数量不多。但当用户有疑问时，我们应该在一个工作日内做出响应。

- 每月至少发布一次。理想情况下，代码完备就应该发布。

- 我们需要验证招投标文件索引构建是否正确。验证应该是自动执行的。

- 现在的开发团队离开后，需要一个长期开发团队快速接手。

这是你需要考虑的一些问题：每条需求针对的是什么质量属性？需求中是否有隐含的响应和响应度量？你可以根据自己的经验补充哪些遗漏信息？

5.3 对功能需求分类
Look for Classes of Functional Requirements

功能需求通常以用例或用户故事的形式记录，它定义了软件系统的行为，在某些特定情况下会影响架构设计。所有功能需求都对系统的成功至关重要，但并非所有系统功能都对软件架构有重大影响。如果某个功能需求影响架构决策，我们称之为影响较大的功能需求。

影响较大的功能需求常被称为架构杀手。如果你的架构无法实现这样一个重要的、高优先级的功能，那么你就不得不放弃这个架构，从头开始设计。确定影响较大的功能需求需要方法、技巧、经验，下面是我的一些做法：

1. 先画出概念架构草图，展示你当前对架构的构想。

2. 对功能需求进行大致分类，每类需求反映一个相同类型的架构问题。

3. 对照概念架构草图，思考每个分类如何实现。如果对于已知的粗粒度需求，实现功能的方式并不明显，那么它就可能对架构有重大影响。

第 2 步的作用是将大量的功能需求归入少数有代表性的类别，以下是可用的一些策略：

- 寻找可以使用相同架构元素实现的功能需求。例如，需要持续运行的功能可以归为一类，而需要用户交互的功能可以归在另一类。
- 寻找看起来有难度的功能需求，它们对架构可能有重大影响。
- 寻找重要的、高优先级的功能需求。

我们来看一个例子。第 1.2.3 节的计算器 App，将两个数字求和是一个重要的功能需求，但对架构几乎没有影响。现在假设我们收到一个新功能需求：要求用户丢失了手机后，仍然可以查看计算的历史信息。

要查看历史信息？没问题。可以把用户操作保存在本地数据库。手机丢了怎么办？那就需要一个远程的数据库服务器（见图 5.3）。这又引入了许多新问题：如果用户的手机无法联网怎么办？可用性怎样衡量？可伸缩性呢？远程数据库的托管费用由谁出？数据变化时需要马上进行同步吗？问题越来越多……

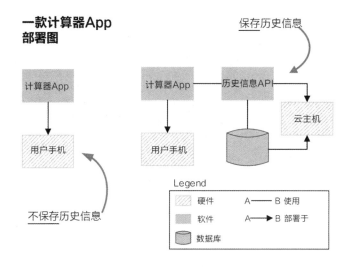

图 5.3　计算器 App 的部署图

一个看似简单的功能需求引出了一系列的新问题。在计算器的例子里，我们可以将所有数学运算归为一类。实现查看历史信息的功能需要远程存储，它与其他功能需求不同，因此可以归为另一类。

架构设计应该反映所有影响较大的功能需求，而分类的做法可以避免我们做重复的工作。这样做的目的是让我们对影响设计决策的重大需求引起重视。

5.4　找出其他影响架构的因素
Find Out What Else Influences the Architecture

除了关键架构需求，还有其他一些因素会直接或间接影响架构。图 5.4 列举了可能影响架构的因素。

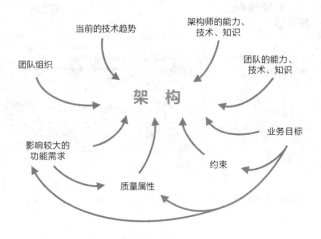

图 5.4　影响架构的因素

架构师的能力和经验决定了如何开展架构设计，以及有哪些备选项。你和团队对技术的掌握程度决定了你们的设计方式。如果你们只知道 Ruby on Rails，那么就很可能会用它来设计架构。如果你手里只有锤子，那你看什么都像钉子。

架构设计似乎总在追求热门技术。新硬件、新软件、新设计范式不断涌现，有些将对软件开发产生深远的影响，有些不过是"旧瓶装新酒"。你的架构很可能就采用了最流行的设计，如同最时髦的发型。

5.4.1　接受康威定律
Learn to Live with Conway's Law

团队的组织结构与合作形式会影响架构设计。康威定律描述了团队组织结构与架构之间的关系，该定律 1967 年由 Melvin Conway 提出，后因《人月神话》的引用而广为人知。

"任何设计系统的组织……产生的设计必然是该组织沟通结构的写照。"

同一个组件，三个不同的团队会开发出三种不同的版本。架构中各种元素的边界正是人们沟通边界的投影。康威定律反过来也成立。架构中的通信路径反过来也会影响团队的组织结构。如果你想设计最好的软件，那么你必须准备好重新组织团队。

还有一些因素会影响架构设计，但它们通常仅作为设计决策的部分依据。这样的因素还有很多，因此在实际操作中几乎不可能一一记录。

5.5　挖掘关键架构需求
Dig for the Information You Need

关键架构需求往往是隐藏着的，需要挖掘。它们可能隐藏在用户故事里，可能隐藏在业务经理含蓄的描述里，还可能隐藏在利益相关方的提示里。这些人知道自己想要什么，只是不清楚如何表达出来。

产品待办列表（backlog）是挖掘关键架构需求的宝藏。几乎每个功能需求都隐含或暗示了某些质量属性。有时用户故事会清楚地描述响应时间、可伸缩性需求，以及处理故障的方式。请将这些信息作为质量属性场景记录下来，以免它们在功能待办列表中丢失。

与利益相关方沟通，询问他们担心什么，了解他们的关心的问题，告诉他们有哪些潜在的风险，有哪些可能会出现的问题。下面列举了一些用于挖掘关键架构需求的方法：

• GQM 研讨会（见第 14.3 节），将业务目标、质量属性响应度量与具体数据要求联系起来。

• 利益相关方访谈（见第 14.4 节），搞清楚质量属性场景和约束，这对技术利益相关方尤其有效。

• 假设清单（见 14.5 节），将隐藏需求明晰化、公开化。

• 微型质量属性研讨会（见第 14.7 节），快速有效地定义高优先级的质量属性场景，这对任何类型的项目，以及有不同技能和背景的利益相关方都奏效。

• 启动计划书（见 16.5 节），启动一个新项目时，将启动计划书（inception deck）作为检查清单。架构设计是其中的主要内容。

5.6 创建 ASR 工作簿
Build an ASR Workbook

发现关键架构需求（ASR）后，应该把它们记录在 ASR 工作簿里。刚刚启动新项目时，ASR 工作簿是一个需要频繁修改的文档。架构稳定下来后，你就不会再频繁地修改它了，但是会更频繁地参考它。再往后，可执行的测试和源代码可能会取代 ASR 工作簿的部分作用，不过该文档仍是重要的历史记录。

ASR 工作簿为程序员、测试人员，还有架构师提供系统背景信息。了解关键架构需求的人越多，所需的架构设计监督就越少。

图 5.5 是常用的 ASR 工作簿大纲。你在做收集需求的计划时，可以把这个大纲作为检查清单。

目的与范围

阅读对象

业务背景

    利益相关方

    业务目标

关键架构需求

    技术约束

    业务约束

    质量属性需求

        重点场景

    有影响力的功能需求

        重点用户或用户角色

        用例或用户故事

附录 A：术语表

附录 B：质量属性分类

图 5.5　ASR 工作簿大纲

Thijmen 的建议：做一个积极的倾听者
Thijmen de Gooijer，IT 架构师

了解利益相关方及其目标是通过软件实现价值的第一步。设身处地从他人的角度考虑问题，有助于你了解他们对软件的期望。技术能力和经验让你能够将需求转化为可实施的想法，但要让开发人员和管理人员理解你的愿景并将想法转化为代码，还需要出色的沟通技巧。

积极倾听是我一直在学习的沟通技巧。听到别人说的话只是第一步，你还必须去理解。我在沟通课程中学到一个有趣的练习，建议你和同伴一起试一试。

A 向 B 讲一个故事，可以是 A 的一项成就或解决的一个问题。请注意，在 A 讲完之前，B 一句话也不许说。A 讲完后，B 才可以提问，以便进一步理解 A 讲的内容。B 的提问不能包含反馈和评价，提问的目的是理解 A 的话。接下来双方互换角色再进行练习。

这个练习并不简单！你的同事有可能是个话痨，还有可能是个腼腆的实习生。想想你该如何确保自己理解他们说的话。

直接记下利益相关方的话不可能作为合格的需求。人类语言模糊而复杂，又受不同文化的影响，不像 COBOL、Java、PHP、Python 那样与国家和宗教无关。而且文化不仅与国家和宗教有关，不同的城市、公司、学校、俱乐部都有自己的文化，都会影响人们的沟通方式。

积极的倾听者应该设身处地考虑问题，将对话放在文化背景中进行理解。请保持安静，不要做评判，提出问题，尝试理解。

我推荐两本讲沟通技巧的书，可以帮助你成为一名出色的软件架构师。一本是 Dale Carnegie 写的经典图书《How to Win Friends and Influence People》，主要讲的是如何与人建立良好的关系。另一本是 Thomas D. Zweifel 写的《Culture Clash 2: Managing the Global High Performance Team》，这本书提供了一个易于理解的框架，用于识别和克服文化差异。

你向团队和利益相关方介绍架构概念时，ASR 工作簿可以发挥不小的作用。你可以先简要地介绍业务目标、约束、质量属性、影响较大的功能需求，然后大家可以阅读工作簿获取更详细的信息。

5.7 Lionheart 项目：目前的进展
Project Lionheart: The Story So Far…

在产品经理召集的用户体验研讨会上，我发现了许多新的功能需求。我将这些功能需求添加到产品待办列表中，并标出对架构有重大影响的几个功能需求。我还随手记录了几个潜在约束，需要与利益相关方进一步确认。

几天后，我和利益相关方召开了一个小型的质量属性研讨会。会议给二十来个质量属性场景排定了优先级。我没有正式记录研讨会期间提出的所有问题，但我与大家合作，优化了前七个高优先级的场景。

到目前为止，我们所做的主要是理解问题。我们写了文档，以便与利益相关方分享我们对问题的理解。在现场短短几天，我挖掘了很多信息。看着团队的问题列表，我认为已经有足够的信息来运用探索思维模式，开始选择架构的结构。

5.8 预告
Next Up

不同的架构可以实现相同的功能。功能本身不足以帮助我们决定如何设计系统。我们还需要知道关键架构需求，尤其是质量属性。

解决方案源自我们对问题的理解。你不必等到完全清楚问题之后再考虑解决方案。如果要等问题完全清楚，你将什么都做不出来！探索解决方案会加深你对问题的理解。不断发现新的情况是正常的。第 6 章将学习如何基于目前对问题的理解探索设计方案并做出决策。

第 6 章

主动选择架构
Choose an Architecture

所有软件系统都有架构，但这并不意味着理想的架构会自动送上门来。如果你把设计决策交给命运，没人知道命运会带来什么结果。积极主动地思考和选择才能提高成功的机会。

架构设计就是在不确定的情况下做决策。决策就是做取舍，我们不得不做一些妥协——放弃一些东西以避免更坏的情况发生，或者接受不好的条件以便在其他方面做得更出色。只要做出合适的取舍，就可以实现关键架构需求，帮助利益相关方完成业务目标。本章学习运用关键架构需求制定决策，选择架构的结构。

6.1 发散探索，聚合决策
Diverge to See Options, Converge to Decide

做决策意味着我们需要多个备选方案。如果没得选，那就不需要决策了。要获得备选方案，就需要进行设计探索。

设计探索是反复地发散和聚合的过程（见图 6.1）。确定问题后，就需要发散思维，探索解决问题的各种方案。找到备选方案后，又需要聚合思维，取得共识，排除不合适的方案。

图 6.1　设计探索的过程

　　人的大脑喜欢看到备选项。备选方案越多，我们决策的信心就越大。遗憾的是，我们没有时间探索系统设计的所有方面和所有方案。架构师只能重点关注质量属性、架构结构，以及会对这两者产生影响的设计决策。

6.1.1　探索架构关键点
Explore the Architecturally Significant Things

　　Grady Booch 说过："所有架构都是设计，但并非所有设计都是架构。"软件架构是关于如何组织软件的一系列重大设计决策的集合，旨在实现期望的质量属性和其他软件特性。架构师必须探索重大设计决策，并主动选择软件的组织方式以实现既定的质量属性。以下是架构设计通常要探索的几个方面：

　　探索元素及其作用，确定架构的结构组成。架构中的结构是由元素构成的。在精心设计的架构中，每个元素都有明确的作用。任何没有明确作用的元素，都应该被剔除。探索设计方案，就是探索功能各异的元素的组合形式。

　　探索关系及其接口，确定元素的交互方式。关系描述了架构中的两个元素如何协同工作以完成任务。组件接口就是一种关系。通信机制（如 HTTP、TCP、共享内存）和通信规则（如 API、响应对象、请求数据）都定义了接口。从某种程度上说，管理接口和元素通信的规则也是一种架构。余下的细节（如方法名称、响应字段）可以留给以后的设计人员定义。

　　探索问题领域，理解架构所处的环境。每类问题都有自己的术语和概念，描述了它存在的环境。领域中的概念，无论是对象还是事件，都必须在架构的相应之处加以说明。对问题领域（problem domain）的理解得越透彻，对架构元素的划分及功能分配就越理想。

探索技术和框架，提升质量属性。现代软件开发技术都有倾向性。框架、中间件、库，任何现成的技术都带有"偏好"和"态度"，理解它们的特点才能更好地发挥其作用。而这种倾向反过来也会影响你的设计决策。

探索构建和部署方法，确保架构可以交付。架构会影响软件的构建和部署方式。如果你想实现持续交付、多位开发人员并行工作、使用特定的测试策略，那么都需要在设计架构时考虑好。

探索以往的设计，获得启发，指导决策。所有设计都是在已有设计基础上的重新设计和调整创新。大多数架构探索始于温故——审视已知的软件设计知识。设计知识可以总结成经验法则和模式。这种知识既来你以往的工作，也来自多年来架构师社区积累的经验。

Len 的建议：不要忽视部署的一致性
Len Bass，独立顾问

设计具有多个实例的系统或服务时，最容易忽视的是部署的一致性。部署带有多个实例的新版本服务有两种方法：红黑部署（red-black deployment）和滚动升级（rolling upgrade）。

红黑部署（也叫蓝绿部署）是指为所有实例分配足够的虚拟机，再将新版本部署到这些实例中，然后切换使用新实例。滚动升级则是指一次升级一个实例。

无论采用哪种方法，都可能出现不一致的情况。假设你有一系列服务：A 服务依赖于 B 服务，B 服务又依赖于 C 服务。现在，某个开发人员部署了一个新版本的 B 服务，更改了接口的语义。如果 A 服务再调用 B 服务会发生什么？如果 B 服务以为 C 服务也部署了新版本（实际情况并非如此），又会发生什么？

如果你使用滚动升级方法部署新版本，则可能有两个具有不同接口的 B 服务会同时运行。

有许多办法可以克服不一致性，比如强制向后兼容，使用功能开关，或是巧妙地处理来自依赖服务的不可识别的响应。不过首先你要认识到部署多实例同时运行的服务很容易出现不一致的情况。

6.2 接受约束
Accept Constraints

约束是无法更改的既定设计决策。约束分为两种类型：技术约束和业务约束。面对技术约束，我们别无选择。如果系统要求用.NET编写，那就必须放弃你喜欢的 Java 框架。业务约束则较为微妙。虽然也无法更改，但它们对架构的影响并不总是那么显而易见。假设有一项业务约束是系统必须在 7 月底展会开幕前上线，为了满足它，你可以从以下几个方面考虑：

- 选择有利于并行开发的工作模式。

- 选择有利于增量交付的模式。

- 选择团队熟悉的技术以降低风险。

- 选择支持自动化并能加快开发速度的技术。

- 不做太多设计规划，接受技术债务，开发"大泥球"（见第7.11节）。

业务约束还可能在架构之外得到满足，比如挑选工作能力强的开发人员，提前开展测试，或者将部分务任分包出去。

早期的设计决策也有可能成为约束，但它们实际上不是约束。就像房屋的承重墙一样，它框定了其他东西的大致位置。但愿这种决策也是可更改的，移动承重墙虽然代价高，但终归是可行的。一定要分清自己选定的约束与外界的约束。

尽管约束会影响架构，我们的大多数设计决策（取舍）仍然要尽量提升既定的质量属性。

约束可能导致严重后果

多年前，我所在的公司被一家规模更大的公司收购。新公司的法务团队制订了新政策，要求不再使用在某些许可下发布的开源软件。

这条新政策（约束）给我们额外增加了近一年的开发任务。我们得到的教训是：利益相关方并不一定理解约束对架构的影响。如果增加约束会带来麻烦，请务必让利益相关方明白这样做的后果。

6.3　提升质量属性
Promote Desired Quality Attributes

开发软件有点像制作冰沙，冰沙好吃但不容易做好。要做好冰沙，你必须确保选对一样东西——搅拌机。当然，影响冰沙制作的不止搅拌机（还有水果），但搅拌机起着决定性作用。搅拌机之于冰沙，正如架构之于软件。

你也许觉得挑选搅拌机很容易。其实并非如此。你想要容易清洗的，方便安装的，工作噪音小的，动力强劲的，还是便携的（能带到沙滩上用）？这些需求就相当于搅拌机的质量属性。图 6.2 展示了三种搅拌机，都具有独特的质量属性。

标准搅拌机　　　手持搅拌机　　　　　链锯搅拌机

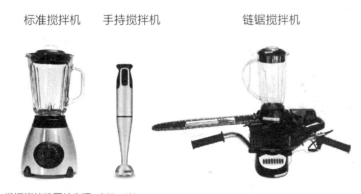

链锯搅拌机图片来源：Mike Warren

图 6.2　三种搅拌机

标准搅拌机可在洗碗机里清洗，牢固的底座适合放在厨房台面上使用，但它需要交流电，只能在家里使用。手持搅拌机用电池供电，体积小巧、便于携带、易于清洗，但动力较差。链锯搅拌机用汽油提供动力，它在动力性和便携性之间取得了最佳平衡[1]，缺点是 37 毫升排量的两冲程发动机噪声大，排气也不安全，不适合室内使用。表 6.1 对比了三种搅拌机的主要质量属性。

---

[1]　自制方法：http://www.instructables.com/id/Chainsaw-Blender。

表 6.1　三种搅拌机的质量属性对比

	标准搅拌机	手持搅拌机	链锯搅拌机
易清洗性	中	优	中
适合厨房安装	优	中	特劣
安静程度	中	优	特劣
动力	中	劣	特优
便携性	劣	特优	优
安全性	中	中	劣

三种搅拌机具有相同的基本功能（搅拌）。它们有着可互换的部件，例如，玻璃罐既能用在标准搅拌机上，也能用在链锯搅拌机上。除了搅拌机的质量属性外，设计师还需要考虑生产成本、制造工艺、外部接口等。最终的设计结构体现了设计师重视的特性。

同理，软件架构师也要通过选择结构提升系统的质量属性。而选择结构通常指的就是探索各种架构模式。请记住，所有设计都是在已有设计基础上的重新设计和调整创新！找到能够提升既定质量属性的架构模式，把这些模式作为架构设计的起点，你才能做到事半功倍！

6.3.1　借助质量属性探索架构模式
Explore Patterns with Quality Attributes in Mind

我们将在第 7 章更详细地探索架构模式。现在让我们先看一个借助质量属性选择合适的架构模式的简单例子。

假设我们要构建一个数据驱动的 web 应用。你会选择哪种架构模式？图 6.3 展示了三种模式：三层模式（3-tier pattern）、发布-订阅模式（publish-subscribe pattern）、面向服务架构模式（service-oriented architecture pattern）。

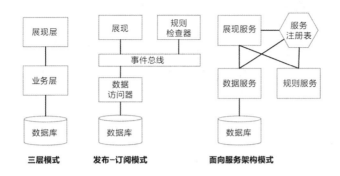

图 6.3 三种架构模式

三层模式 每一层完成不同的任务。对 web 应用来说，展现层负责 UI 渲染，业务层运行于服务器端负责验证业务规则，数据库负责存储数据。

发布-订阅模式 所有元素都将消息发布到事件总线上。组件可以订阅感兴趣的消息。事件可能不按顺序传送，也不确保传送成功（视消息系统的规则而定）。

面向服务架构模式 服务都在中央注册表注册，以便调用者可以找到它们。组件查找并直接调用这些服务，服务响应并回复信息（出现问题则不响应）。

三种模式分别提升和抑制了不同的质量属性。你会如何选择？

多数情况下，三层模式最理想。它易于测试、部署、描述。不过这种简单性是有代价的。三层模式很难提升可伸缩性和可用性等质量属性。如果不在架构中补充其他模式，三层模式可能无法满足我们的所有需求。

发布-订阅模式具有较高的可更改性和灵活性。虽然这种灵活性很适合构建松耦合系统，但它也有缺点。在我们的数据驱动应用中，消息顺序对事件有影响，仅靠发布-订阅模式不能保证正确的消息顺序。如果选用合适的消息总线技术，也能让发布-订阅模式勉强工作，但不够干净利索。

面向服务的架构具有可更改、灵活、可测试的特点，同时它也易于扩展，比其他模式更容易提升可用性。但它是三种模式中最复杂的，架构设计的工作量最大。我们的应用采用这种模式有点小题大做了。

这三种模式都可以用来实现我们的功能需求，选择架构模式关键要看质量属性。针对既定质量属性，要分出各种模式的优劣，我们还需要做进一步的分析。

6.3.2 运用决策矩阵
Create a Decision Matrix

决策矩阵（decision matrix）是一个简单的表格，用于总结分析多个架构设计方案的利弊。它适合用来选择与架构有关的各种设计选项，包括架构模式、功能分配、技术方案等（见图6.4）。

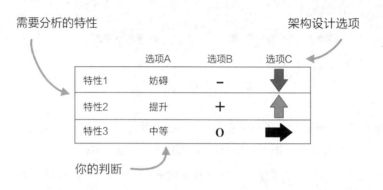

图 6.4 决策矩阵

决策矩阵的第一列列出备选特性。矩阵每一行代表一个特性，每一列是你对相应设计选项的分析判断。

建议使用易于阅读的记号（如文字、箭头、符号）来记录分析结果，总之要把分析结果用清晰的方式呈现出来。表6.2 显示了矩阵中文字符号的含义。

表6.2 矩阵中文字符号的含义

强提升	设计选项能高效实现系统特性。
提升	设计选项能正常实现系统特性。
中等	设计选项既不提升也不妨碍系统特性。
妨碍	设计选项给实现系统特性带来麻烦。
严重妨碍	设计选项给实现系统特性造成极大困难。

决策矩阵成形后，最佳决策通常是显而易见的。用这种方式总结分析设计方案，可以立即排除那些阻碍实现既定系统特性的选项。

回头再看表 6.1，你会发现它就是冰沙搅拌机的决策矩阵。下面我们针对 Lionheart 项目的三种架构模式再创建一个决策矩阵（见表 6.3）。表中记录了对质量属性场景的分析。

表 6.3 Lionheart 项目的决策矩阵

	三层模式	发布订阅模式	面向服务架构模式
可用性（数据库可用）	+	0	+
可用性（正常运行时间要求）	0	0	0
性能（五秒响应时间）	0	-	+
安全性	0	-	0
可伸缩性（年增长 5%）	0	0	+
可维护性（团队知识）	+	-	0
可构建性（实施风险）	++	-	--

看看表 6.3，你会选择哪种模式？是否还有其他因素可能影响你的最终决策？

创建矩阵的过程比矩阵本身更重要。决策矩阵可以用来总结探索结果，还能用来与利益相关方就设计决策的取舍进行有效的讨论（记得向对方解释矩阵中的记号及含义）。

有些人喜欢用数字来评分。我建议不要这样做。用数字评分是个糟糕的主意。我见过有些人根据利益相关方的喜好调整数字，对每一列求和，考虑总体平均值，等等。那只会让事情变得复杂而低效。

第 17.3 节还会对决策矩阵做进一步的阐述。另一种权衡优先级的方法可参考第 14.1 节介绍的权衡滑块（trade-off slider）。

6.4 为架构元素分配功能
Assign Functional Responsibilities to Elements

架构中的每个元素都有功能。我们选择结构时会为每个元素分配特定的功能，以便实现所有既定的功能需求。以 Lionheart 项目为例，下面是从预算办公室收集到的功能需求。

招投标系统的用户需要：搜索该市现在和过去的合同；将结果进行分页显示；查看每个公司的基本信息，包括公司名、电话、地址、过期合同、有效合同等；查看每个合同的基本信息，包括类型、状态、到期时间、投标公司、中标公司等；订阅接收合同更新的提醒。

这些功能需求还隐含了几项功能：用户可以搜索，意味着必须建立索引；要显示合同和公司信息，就必须存储它们；能够订阅，就要求系统存储电子邮件地址；更新时要提醒用户，就要做到可以识别更新。

图 6.5 展示了用于实现这些功能需求的元素。

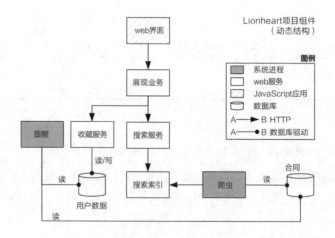

图 6.5 Lionheart 项目元素概览

表 6.4 记录了图 6.5 中各元素的功能。

表 6.4　Lionheart 项目元素的功能

元素	功能
web 界面	在用户浏览器中渲染用户界面，处理用户交互。
展现业务	认证和授权，作为其他支持服务的接口， 为程序调用验证业务逻辑。
搜索服务	处理查询解析、搜索、分页、过滤。
收藏服务	标准化标签，将用户收藏进行永久存储。
提醒服务	定期查询近期更改，根据用户数据库中的 订阅信息发送提醒邮件。
爬虫	从合同数据库中读取数据并进行转换， 再添加到索引中。
用户数据库	用户订阅和其他用户输入内容的永久存储。
搜索索引	合同数据的优化呈现，便于搜索。 界面中展示的所有合同数据都是可搜索、 可排序的，存储于数据库中。
合同数据库	永久存储。招投标合同数据记录系统。
关系：HTTP	基于标准的 HTTP 协议服务通信。API 默认是 RESTful。
关系：数据库驱动	待选定的数据库的原生驱动程序/客户端。

元素功能表记录了架构中每个元素有权执行的基本任务。通过审视影响较大的功能需求，创建元素功能表，确保每个功能都有且仅有一个元素负责。此外，架构中的每个元素都至少应该负责一个功能，否则该元素就失去了存在的意义。

为元素分配功能时，影响较大的功能需求可以作为检查清单。第 15.3 节将介绍一种明确功能的方法（组件功能协作卡片）对系统进行建模。

6.5 设计，应变而生
Design for Change

此前，我们学习了在理解关键架构需求的基础上探索设计方案，进行设计决策。做好关键的设计决策对于打造稳健的架构至关重要，不过在软件里唯一不变的就是变化。

所有优秀的架构师都明白变更是不可避免的。通过选择决策时间点，以及将设计决策移出架构，我们可以做到"应变设计"（design for change）。

6.5.1 推迟决策
Defer Binding Decisions until the Most Responsible Moment

做出一个不易逆转的决定（比如架构决策）是一件大事。避免走入死胡同或走上歧路的办法是推迟决策。推迟设计决策（不到最后一刻不做决定），可以为研究和探索争取更多时间。

《敏捷软件开发工具》一书提出了"最后责任时刻"（last responsible moment）的概念——在避免失去重要备选方案的前提下，做出决策的最晚时间。而我建议在"最佳责任时刻"（most responsible moment）做决策。

理想情况下，最佳责任时刻就是最后责任时刻。但在实践中，最佳责任时刻要求我们留出额外的时间，以便处理无法掌控的外部依赖、建立共识、培训、验证设计。最佳责任时刻往往来得比我们想象的要来得早。以下问题可以帮助确定做出设计决策的最佳时机：

- 不做决策是否阻碍了项目进展？

- 决策能否解决不能再耽搁的问题？

- 决策是否会创造更多选项或机会？

- 推迟决策是否明显会带来更多风险？

- 我是否理解并接受决策带来的一切后果？

- 我有明确的理由说明为什么现在必须做这个决定吗？

- 如果决策失误，是否有时间弥补？我能承受这样的错误吗？

即使我们能够找到最佳责任时刻，也不代表一定有足够的信息进行决策。不过还好，如果出现这种情况，还有一个窍门可以避免情况恶化：可以把那些容易变化的东西移出架构。

6.5.2 将设计决策移出架构
Move Design Decisions out of the Architecture

如果设计决策以后容易发生变化，那么它就不再是一个架构问题。在可能的情况下，应该把容易变化的决策留给后续设计人员来做。

已知的许多编程原则也可以作为很好的设计原则。例如，将 SOLID 原则用于架构设计可以带来许多类似面向对象设计的优点。SOLID 代表 5 个面向对象设计的原则：single responsibility（单一功能）、open/closed（开闭原则）、Liskov substitution（里氏替换）、interface segregation（接口隔离）、dependency inversion（依赖反转）。比如，如果架构中的元素具有单一功能，它就更容易隔离更改。再比如，创建接口清晰的元素能带来更多的灵活性。

有许多方法可以将设计决策移出架构，比如可插拔/可替换架构（pluggable architecture）、外部配置、自描述数据、动态发现。它们都是在设计时（design time）或运行时（runtime）更改系统的行为（而不修改架构），理想情况下也不会对基本质量属性产生影响。

6.6 Lionheart 项目：目前的进展
Project Lionheart: The Story So Far···

举办完微型质量属性研讨会（见第 14.7 节）后，团队聚在一起讨论架构方案。我们要开发一个数据驱动的 web 应用。哪种架构模式最合适？用哪种技术开发？如何部署和托管代码？如何组织代码？

我和团队评审了约束和功能需求。要满足主要的功能需求，至少需要一个数据库和一个搜索引擎。团队大多数成员都用过 MySQL，因此我们决定选它做数据库。评审会后，我在待办列表中增加了一项任务：探索搜索引擎技术，完成选型。

开始写代码之前，我们还需要决定如何组织代码，如何将系统中的粗粒度组件组合在一起。我打算借助 TDC 循环来解决这些问题。

我在白板上写下问题，要求团队成员分享看法。很快，白板上就出现了一长串问题和风险。接下来进入 TDC 第二步（动手）。我告诉大家："分头行动，各个击破（见第 15.5 节），一部分人探索能够满足质量属性的架构模式，剩下的人探索技术问题。"最后，我要求大家在一周后碰面，分享调查结果（TDC 第三步），然后做出决策。

6.7 预告
Next Up

随便选择结构很容易，但要选出合适的结构很难。本章解决了制订架构决策过程中容易遇到的一些困惑：接受约束；探索能实现既定质量属性的模式；找出影响较大的功能需求并选择合适的架构；在正确的时间做出决策，并尽可能提高架构的可修改性。

制订设计决策绝非易事，经验将发挥重要作用。第 7 章将学习常见的架构模式，丰富你的设计经验。

第 7 章

架构模式
Create a Foundation with Patterns

数百年来，人们一直在提炼解决常见问题的方案，总结可复用的模式。软件工程继承了这一传统。经验丰富的架构师熟悉许多架构模式，面对新问题，他们会先回顾自己知道的模式，寻找合适的方案。确定架构模式后再根据实际情况做进一步的调整，以满足特殊的需求。

所有软件系统都有自己的核心模式，其他设计决策都以此核心模式为基础。使用模式相当于汲取前人的智慧，可以大大节省工作量。

已知的架构模式数量成百上千，覆盖各个领域。本章介绍最常见的架构模式，讲解如何让这些通用模式适应具体需求。

7.1 什么是架构模式
What Is an Architecture Pattern?

软件架构师面临的许多技术问题并不新鲜。架构社区数十年来一直在各个领域构建可扩展、可维护、可靠、高可用、可测试的软件系统。除了少数几个新出现的问题领域，大部分软件设计问题都有已知的解决方案。我们所说的模式就是指这些已知的解决方案。

架构模式是针对特定问题的可复用解决方案，它通过特定的结构组合提升某方面的质量属性。选择合适的架构模式解决问题就不用从零开始设计架构，从而避开诸多导致麻烦的陷阱。

模式还有其他好处。由于许多模式广为人知，人们的沟通也变得容易。人常说一图抵千言，其实一个模式可以抵千图。此外，各种技术框架和技术平台都采用了流行的模式，用起来非常方便。

接下来介绍常见的架构模式，至于不常见的模式，读者可以自行搜索。

> **Joe 提问：**
> 设计模式与架构模式有什么区别？
>
> 设计模式是所有设计师必须掌握的。除了编程、软件架构设计、企业架构设计之外，用户体验、测试、数据库，甚至开发流程都有现成的设计模式。设计模式在现代软件开发中有着重要的地位。
>
> 设计模式就像《设计模式：可复用面向对象软件的基础》中列举的那些模式。这类设计模式可以提高面向对象程序的可复用性和可维护性。架构模式与设计模式有所不同，架构模式定义了各种质量属性场景（包括设计属性、运行属性、感知属性，详见第 5.2 节）的解决方案，常常涉及软件系统的多个组件。架构模式关注的质量属性与抽象粒度都更宽泛。
>
> 在实践中，区分设计模式与架构模式并不是那么重要。毕竟，一个人的架构设计可能被另一个人用作详细设计。

7.2 分层模式
Layers Pattern

分层模式是最常用（和滥用）的架构模式。大多数软件系统都是由多人开发的。根据某种方式或规则将系统分层，方便开发人员协同工作。分层实现了层间低耦合与层内高内聚，提升了可维护性。如果想更改模块内的代码而不影响其他模块，就应该使用分层模式。表 7.1 展示了分层模式的主要特点。

表 7.1　分层模式概览

类别	模块
元素	层：一组功能内聚的模块。
关系	允许使用：哪些层可以使用其他层的模块。
使用规则	所有模块必须划分到某一层里。上层允许使用下层，这种关系是单向的。"允许使用"关系可以进行限制，让当前层只能使用直接处在其下方的层。禁止循环依赖。
优势	提升可运维性、可移植性、可复用性、可测试性、设计阶段的可修改性。概念上比较容易实施。分层可以直观地反映在代码上。
劣势	从最上层到最下层，每一层都引入了额外的抽象，增加了复杂度，可能会影响性能。层数繁多和抽象泄露（leaky abstraction）可能导致开发过程非常痛苦。

　　图 7.1 是分层模式的示例。图左侧显示了允许使用的关系，右侧表示元素之间的关系。

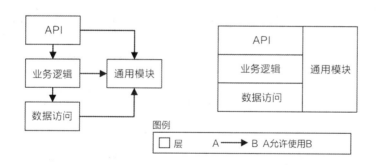

图 7.1　分层模式示例

　　分层模式有许多变种，但无论分成多少层，它的元素、关系、使用规则是不变的。

7.3 端口适配器模式
Ports and Adapters Pattern

端口适配器模式隔离了核心业务逻辑，确保它可以在多种环境下使用，以及在隔离其他（负责提供数据和事件的）组件的状态下进行测试。在运行时，可以将输入源的可插拔适配器注入核心业务逻辑中，以提供对事件和数据的访问。构建和运行时，可以通过切换适配器生成各种系统配置。要求支持多个输入设备，或者输入设备有可能发生变化的系统适合使用这种模式。表 7.2 展示了端口适配器模式的主要特点。

表 7.2 端口适配器模式概览

类别	模块或组件连接器
元素	层：包含业务逻辑，但它不清楚使用的数据和事件的来源。
	端口：层与适配器之间的接口。借助端口，层可以与具体的适配器分离。
	适配器：与外部数据源、设备或其他组件进行交互的代码，使得层能够访问数据和事件。
关系	暴露：指明层可用的端口。
	实现：指明约束适配器的端口。
	注入：指明层可用的适配器。
使用规则	层通常会暴露端口，但不是必须这么做。没有端口的层有时称为内层。不暴露端口的层有时称为内部层。
	适配器可以满足一个或多个端口的约束。
	如果要将适配器注入端口，则适配器必须实现该端口所需的接口。
	该模式适用于设计时和运行时的交互。无论是展示模块还是组件连接器，务必在在模型中保持一致。
优势	提升可测试性、可维护性、可修改性。团队可以分工完成不同的层和适配器。
劣势	必须建立机制选择运行时使用的适配器。适配器决定了运行时质量（安全性、可靠性等）。应谨慎选择第三方适配器。

　　图 7.2 是端口适配器模式的示例。在这个例子中，雷达模拟器可以在不改变核心业务逻辑的情况下从适配器切换到真实的雷达系统。此外，日志和通信总线也可以在必要情况下进行切换。

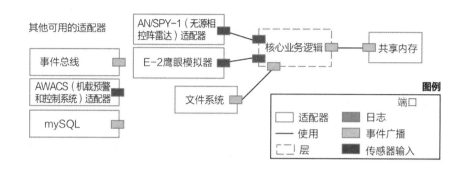

图 7.2 端口适配器模式示例

7.4 管道过滤器模式
Pipe-and-Filter Pattern

　　管道过滤器模式里的组件称为过滤器，负责单一的数据转换或数据操作。数据快速从一个过滤器流转到下一个过滤器。这种数据操作是并发进行的。松耦合的过滤器可以通过各种方式组合和复用，从而创建出新管道。该模式多运用在数据分析和数据转换领域。Unix 的终端命令可以连接在一起，它运用的就是管道过滤器模式。表 7.3 展示了管道过滤器模式的主要特点。

表 7.3　管道过滤器模式概览

类别	组件连接器
元素	过滤器：读取、转换、记录数据的组件。过滤器可在读取数据的第一时间开始处理。过滤器必须定义预期输入并输出结果。
	管道：连接器，用于将数据从一个过滤器传输到下一个过滤器。管道具有单一输入和输出，不会改变传输的数据。
	该模式的一些变种还包括元素源（source）和槽（sink）。前者仅产生数据，后者仅接收数据。
关系	接驳：通过管道，连接一个过滤器的输出与另一个过滤器的输入。
使用规则	管道只能连接与其输入输出兼容的过滤器。过滤器完全相互独立。
优势	提升性能、可复用性、可修改性。
劣势	管道过滤器系统不是交互式的，在不修改模式的情况下也不包含用户界面。模式不会明显提升可靠性，但可以通过引入过滤器来处理错误。简单的实现可能会影响性能，因为并发运行多个过滤器是有代价的。

图 7.3 是管道过滤器模式的示例。

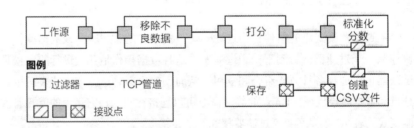

图 7.3　管道过滤器模式示例

批处理模式（batch sequential pattern）和管道过滤器模式很像，但有一点不同。批处理系统是各个阶段逐个、依次操作，而不像管道过滤器系统那样并发操作。批处理系统通常将所有数据写入磁盘，以供下一阶段读取，而不是将数据从一个阶段传输到下一个阶段。

7.5　面向服务架构模式
Service-Oriented Architecture Pattern

面向服务架构（SOA）用独立的组件提供特定功能的服务。各种服务在运行时整合在一起，决定了系统的行为。这要求服务的使用者必须能够在不清楚服务实现细节的情况下寻找和调用服务。

SOA 有很多种实现方式。传统的 SOA 非常倚重消息总线和 SOAP 通信。现代 SOA 则鼓励使用细粒度的微服务，用轻量级的消息协议（如 HTTP）进行连接。

复杂的组织通常使用 SOA 来设计大型软件系统，由不同的部门管理不同的系统部分。SOA 允许各个部门在其专业领域内独立工作（隐藏重要业务信息），同时这些子系统又能供外部访问。表 7.4 展示了 SOA 模式的主要特点。

表 7.4　SOA 模式概览

类别	组件连接器
元素	服务：可独立部署的单元，通过定义好的接口提供服务功能。
	服务注册表：列出所有可用的服务，以便服务可查找其他可用服务。
	消息系统：取决于具体的系统设计，如 SOAP、REST、gRPC、异步消息。
关系	根据 SOA 系统的约束而变化。如果使用 Netflix 的"智能端点和哑管道"方法，则关系是"调用"。如果使用异步消息，则关系是"发布"和"订阅"。
使用规则	服务不必知道所使用的其他服务的实现细节。服务必须通过外部组件发现其他服务，要么是服务注册表，要么是异步消息传递的消息总线。
优势	提升互用性、可复用性、可伸缩性。模式成熟，有许多子模式。
劣势	SOA 系统是分布式系统，带有分布式计算的所有复杂性。SOA 系统组成部分多，集成复杂。其他模式可以在设计时轻松处理的属性，在 SOA 系统运行时很可能出问题。例如，如果不知道快照（snapshot）中正在运行的服务，就没法知道 SOA 系统的版本。该模式也抑制了可用性、可靠性、性能。

图 7.4 是 SOA 模式的示例,它显示了 SOA 的单一视图。SOA 很复杂,涉及许多架构组件。图 7.4 显示了登记到服务注册表的两个服务。服务必须检查注册表以查找要调用的其他服务的连接信息。

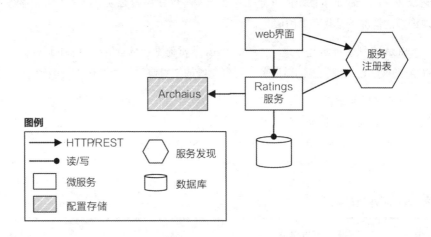

图 7.4　SOA 模式示例

避免错选架构模式

《Architectural Mismatch: Why Reuse Is So Hard》一书指出了架构失配的现象,它指的是对组件的预期用法与实际使用情况有冲突。架构失配在不那么严重的情况下会给开发和维护带来困难,而在严重的情况下,系统连关键质量属性都无法实现。

如果选择的架构模式与高优先级的质量属性有冲突,那就是架构失配。例如,如果性能是头号质量属性,那么选择 SOA 很可能就不合适。选择错误的架构模式会严重妨碍提升既定质量属性。

如果选择的实现技术与架构设计不一致,也属于架构失配。例如,如果架构设计用了发布订阅模式,那么使用关系型数据库作为消息传递的主要机制就不合适,它会影响发布订阅模式希望提升的质量属性。为避免架构失配,一定要选择与架构设计相匹配的技术。

7.6　发布订阅模式
Publish–Subscribe Pattern

在发布订阅模式中，生产者（producer）和消费者（consumer）在彼此不知情的情况下独立存在。大量的消费者订阅各种生产者发布的事件。生产者和消费者通过事件总线间接通信，事件总线负责将发布的事件与感兴趣的订阅者（subscriber）连接起来。事件总线技术的选择极大地影响系统属性。如果有多个独立组件要访问相同信息，就可以选用发布订阅模式。表 7.5 展示了发布订阅模式的主要特点。

表 7.5　发布订阅模式概览

类别	组件连接器
元素	发布者：发布事件的组件。发布的具体事件应在设计文档中描述。
	订阅者：订阅事件的组件。
	事件总线：负责登记组件订阅和传递发布的事件。事件总线提升的属性由具体技术及其配置决定。
关系	发布：组件将事件发布到事件总线。
	订阅：组件登记订阅事件。
使用规则	所有通信都通过事件总线进行。因此，所有组件必须连接到总线。某个组件可能既是发布者又是订阅者。
优势	提升可扩展性、可复用性、可测试性。根据事件总线的选择及其配置方式，还可以提升可用性、可靠性、可伸缩性。
劣势	考虑到组件通信的独立性和异步性，发布订阅系统的性能很难判断。事件总线的选择决定了发布订阅系统的成败。选择事件总线前应做好功课。

图 7.5 是发布订阅模式的示例。

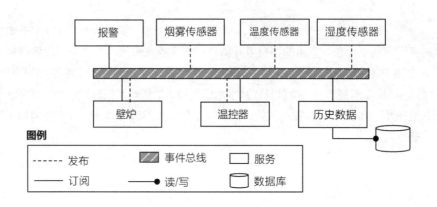

图 7.5 发布订阅模式示例

大多数发布订阅系统都有一个事件规范文档，它定义了组件可以订阅的事件。这个文档还会描述事件格式，以及负责发布事件的组件。

7.7 共享数据模式
Shared-Data Pattern

在共享数据模式中，多个组件通过共用的数据库访问数据。没有哪个组件单独对数据或数据存储负责。该模式特别适合有大量数据、多组件的系统。在共享数据系统里，数据和数据源是交互的主要媒介。该模式与基于事件的系统有所不同，后者的组件通过过程调用或消息传递进行通信。表 7.6 展示了共享数据模式的主要特点。

表 7.6 共享数据模式概览

类别	组件连接器
元素	数据库：保存访问器（accessor）共享的数据。数据存储的选择及其约束决定了能实现的质量属性。 数据访问器组件：以某种方式使用数据的组件。
关系	读取：数据访问器组件可以从共享数据库中读取数据。某些读取关系可能需要特定协议或对可读取的数据量、类型进行限制。 写入：数据访问器组件将数据写入共享数据库。写入关系可以采用事务形式、进行限流和保护，或者用其他方式进行约束。
使用规则	只有数据访问器可以与共享的数据库进行交互。
优势	通过数据一致性、安全和隐私提升可靠性。如果数据库充分优化、数据访问器划分良好，也可以提升可伸缩性和可用性。
劣势	共享数据库可能导致单点故障，从而影响可用性和性能。如果数据库发生变更，可维护性也会受影响，因为所有数据访问器也需要做相应变更。这种模式易于实施，也容易被滥用。共享数据可以解决许多问题，但在具体情况下，其他架构模式可能更合适。

图 7.6 是共享数据模式的示例。

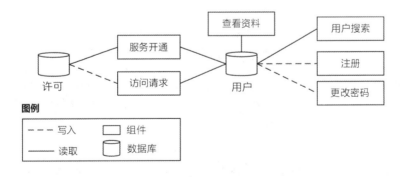

图 7.6 共享数据模式示例

共享数据模式可以与其他模式完美融合。许多大型信息系统的架构都用到该模式。

7.8 多层模式
Multi-Tier Pattern

在多层模式中,系统运行时的结构被组织成逻辑组。这些逻辑组可以被分配到特定的物理组件,如服务器、云平台。多层模式在概念上与分层模式(layers pattern)相似。layer 是模块结构,处理设计时元素(design time element);而 tier 是组件连接器结构或分配结构,处理运行时元素(runtime element)。

如果系统的组件将在不同的平台或硬件上运行,那么就可以考虑使用不同的层(tier)。表 7.7 展示了多层模式的主要特点。

表 7.7 多层模式概览

类别	组件连接器或分配
元素	层(tier):运行时组件的逻辑组。有许多方式进行分层,如功能职责、计算平台、团队职责、沟通机制、安全需求、数据访问。
关系	属于:将组件归到某一层。 通信:层或其内部组件与其他层的交互。 该关系可以通过设计定义协议和通信约束。 允许通信:表明哪些层可以与其他层中的组件通信。 分配到:将层映射到物理计算平台。
使用规则	一个组件可能只属于某一层。层内的组件仅允许与同层的其他组件通信。 增加层通信的约束条件,可以让情况更清楚,并提升可维护性。常见的方法是仅允许相邻层之间的通信。
优势	提升安全性、性能、可用性、可维护性、可修改性。 有利于分析成本和部署。
劣势	作为运行时构造,在大型系统中实施可能会有难度。 太多的层可能会抑制系统性能和可维护性。

图 7.7 是多层模式的示例。在这个例子中，应用层的组件分配到客户的服务器。中间层的组件分配到通用平台，但具有不同的功能职责。数据层的组件托管在不同的云平台上，可能只包含数据库。

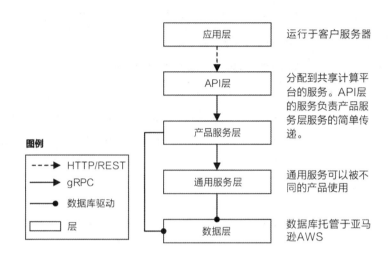

图 7.7 多层模式示例

7.9 能力中心模式
Center of Competence Pattern

在能力中心模式中，有一个专家团队负责定义模式、建立最佳范例、开发支持工具，并为子架构提供培训。能力中心（CoC）本身不会构建和交付系统模块，而是帮助其他团队在日常开发工作中取得进步。CoC 团队可以围绕技术、用例、模式、高风险领域进行组织。

组建 CoC 将使开发团队更容易在架构中实施我们想要的模式和技术。CoC 是一个支持组，其首要目标是加快开发速度并提高系统的整体质量。表 7.8 展示了能力中心模式的主要特点。

表 7.8 能力中心模式概览

类别	分配
元素	CoC 团队：开发人员和架构师小组。 责任区域：架构的子集，可以是模式、技术、用例。
关系	负责：联系 CoC 团队及其责任区域。
使用规则	通常一位 CoC 成员只负责一种技术或用例。
优势	提升专家的可复用性和可伸缩性，从而提升多方面的质量属性，如安全性、可伸缩性、性能、可靠性、可维护性等。
劣势	CoC 让一些专家形成了知识上的"孤岛"，且容易因人员流动而出现知识流失。能力不足的 CoC 成员会引发问题，影响开发速度。

表 7.9 是能力中心模式的示例，它展示了有数百位发人员的公司如何组织 CoC 团队。

表 7.9 能力中心模式示例

CoC 团队	责任区域
任务调度用例	开发任务调度用例的框架，创建工具以便团队能够在集群里实例化该框架。
性能	就负载与性能测试与团队进行磋商，提供测试和搜集数据的工具，搜集和组织数据集及其他测试资产。
数据库技术	与团队磋商选择适于用例的数据库，维护数据库配置工具，创建并分发培训材料。
核心平台	维护通用容器管理系统，提供 Docker 镜像，为日常任务（如日志收集和状况检查）创建工具。

7.10 开源贡献模式
Open Source Contribution Pattern

在开源贡献模式中，开发团队虽然负责开发架构组件，但同时也允许其他人为开发做贡献。团队负责从质量和概念完整性的角度审核其他人提交的组件和更新。该模式只允许在架构上有少量的集中控制。当有来自多个开发团队的专家参与项目，或对某些组件存在共同依赖时，可以使用该模式。

要想成功运用这种模式，团队必须清楚要对哪些组件负责，并且明白这些组件要达到什么样的要求和标准。只给负责团队（所有者）提供写权限，可以进一步强化团队对组件的责任。其他贡献者则可以随时提交变更以供审核。事先编写风格指南，注重可测试性，限制技术和开发平台的选择，可以让开发人员更容易做出贡献。表 7.10 展示了开源贡献模式的主要特点。

表 7.10 开源贡献模式概览

类别	分配
元素	团队：提交或审核组件变更的小组。
	库：包含软件组件的版本控制存储库。
关系	拥有：团队负责审查变更并维护库的完整性。 所有者有时称为库的仁慈独裁者。
	可能贡献：表示可能向库提交变更的团队。
使用规则	库通常只有一个所有者，但这不是严格的规则。 团队可以对多个库做贡献。
优势	提升可复用性、可维护性\开发速度。
劣势	此模式与组件划分策略密切相关。在多数情况下，贡献的学习曲线极其陡峭，这种模式就不太现实。也许需要与其他开放式管理方式配合才能取得成功。

开源贡献模式可以与提升可复用性的其他模式配合使用。开源的做法可以创造出许多意想不到的复用机会。

7.11 大泥球模式
Big Ball of Mud Pattern

与其说大泥球是一种模式，不如说它是一种开发现象。大泥球模式没有明确的元素或关系，它也不能提升任何质量属性（其主要特点是杂乱无章）。大泥球模式会降低系统的可维护性和可扩展性。模块结构和组件连接器结构都可能变成"大泥球"。甚至有些微服务系统也能变成分布式"大泥球"。

大泥球模式唯一的优势是在短期内提高开发速度（以牺牲设计的完整性为代价）。毫无章法的开发和缺乏架构知识是导致"大泥球"出现的主要原因。

有时为了尽快交付系统，我们不得不采用大泥球模式。这样做会留下技术债务，如果不能尽快淘汰系统或及时偿还技术债务，这种方法就有风险。

7.12 发现新架构模式
Discover New Patterns

模式源于经验。有些模式广泛适用于各种系统和团队，有些却只适用于个别场合。虽然发明全新的架构模式并不容易，但新模式一直在涌现。

架构师发现新模式的途径与昆虫学家发现新物种的途径大致相同。多花时间，留心观察。如果你发现了新模式，可以试着把它记下来，根据现有模式对它归类。如果你发现的模式已经存在，你可以发博客或论文，对现有知识进行补充，为集体智慧做贡献。如果你发现了新模式，请把它添加到团队的模式目录里。

发现模式主要有两种方法：以问题为中心，或以解决方案为中心。以问题为中心的方法是从一个常见的问题入手。如果你反复看到同样的问题出现，你可以试着开发一个通用的解决方案。研究现有的解决方案，找出其中的相同之处与不同之处。根据你的分析，尝试描述新解决方案的模式。

以解决方案为中心的方法则是从反复使用的解决方案入手。也许其他开发人员还没有意识到这一点。描述你观察到的解决方案模式，分析它能解决哪些常见的问题，试着把它定义清楚。

模式定义完成后，把它分享出去。你可以去找那些熟悉类似问题或类似解决方案的人，请他们提意见。模式的最终检验还要看实际实施情况，然后根据实践中的反馈意见进行改进。

7.13 Lionheart 项目：目前的进展
Project Lionheart: The Story So Far···

团队在会议室分享了近期探索的结果。确定搜索技术并不难。小组成员简要介绍了备选的搜索技术方案，做了简单的演示，然后推荐了最合适的技术。不过确定架构的基本模式就不那么容易了。

Leia 提议采用简单的三层系统，她用白板涂鸦的方法（详见 15.9 节）画出了大致的思路。Owen 提出了不同的意见："我觉得可以用微服务，它是更灵活的解决方案。"接着 Owen 向团队解释了微服务模式。Finn 插话说："微服务听起来挺不错，但它对一个简单的 web 应用来说未免小题大做。"

大家继续讨论着，又有人提出了新的模式，争论的聚点主要是各个模式的优缺点。最后我表达了看法："大家都说得很好，不过我觉得我们还没抓住重点。大家的提议对高优先级的质量属性会有什么影响呢？"

7.14 预告
Next Up

你掌握的架构模式越多，就越容易完成架构设计工作。软件设计文献中有大量的已经发表的模式，本章只提到其中一小部分。

选择模式并做出设计决策后，我们还必须向其他人介绍我们的决策。第 8 章将学习创建模型，用于向他人展示架构的基本设计理念。

第 8 章

建立模型，化繁为简
Manage Complexity with Meaningful Models

再成功的软件系统也难免走向复杂。用户数量的增加将给系统的可用性、可伸缩性、性能表现施加前所未有的压力。新功能不断插入，补丁越来越多，让软件越来越笨重。扩展系统的任务可能压得开发团队喘不过气。如果不保持警惕，软件系统最终会成为其自身成功的受害者。

当然，复杂性刚刚露出狰狞面目时，我们还是有办法控制的，比如通过需求变更和代码裁剪精简系统，将大件拆分成容易分析和管理的小件，还可以从细节中抽身出来，从更抽象的层面重新思考软件。

我们曾说过，架构是由结构组成的，而结构又是由元素和关系组成的。本章将学习使用这些基本构件创建有意义的模型，帮助我们分析、构思、推演我们的设计。

8.1 推演架构
Reason About the Architecture

无论何时，人的大脑都只能保留有限的信息。多年来，软件开发人员已经掌握了一些技巧突破大脑的局限性。有一个技巧是与他人合作，用大规模并行工作解决问题。还有一个技巧是建立抽象概念来压缩表示大量信息。协作和抽象是我们思考、分析、理解架构的基本方法。

抽象让我们关注特定的细节。例如，在面向对象程序设计里，类的接口描述了公共方法，但不涉及如何实现这些方法，这些细节可以等实现具体接口时再处理。暂时忽略令人分心的细节，我们才能专心思考接口与外界的交互。

当然，如果不能分享，再完美的抽象也会失去意义。分享的办法就是建立抽象的架构模型。建立架构模型并不仅仅是画线条和方框那么简单，它需要严肃认真的思考。架构模型与草图不同，模型是对架构的精确描述，能让他人更容易理解和推演架构。

优秀的架构模型有诸多优点：

构建设计词汇。字词传神，至关重要。恰当的元素名称可以更好地表达意义和目的。我们建立的每个模型都扩展了软件系统的词汇。这些词汇将在日常讨论中使用，它们会融入我们编写的代码，影响我们看世界的方式。

引导我们关注重要的细节。在软件开发中，细节决定一切。虽然细节都很重要，但是我们并不希望（也没有能力）同时考虑所有细节。模型隐藏了部分细节，让我们可以在特定的时刻专心思考特定问题。

帮助推演质量属性和其他系统特性。模型可以帮助大家思考和描述系统行为。良好的架构模型还可以用来在动手开发之前检验系统设计。当然，为了建立精确的模型，我们还需要做实验和创建原型，但磨刀不误砍柴工，这样做总比开发完系统才发现有问题划算。

展示架构师的构思。所有开发人员都应该理解为什么选择当前的设计。良好的模型能展示结构背后的构思。理解架构师构思的人越多，就越有可能在系统开发过程中维持设计的完整性和一致性。

模型来自我们对世界的认知以及我们为表达设计意图所做的努力。所有模型都有概念和规则，规则描述了概念的使用方式。正确运用这些规则，才能让模型与我们的认知保持一致。

Joe 提问:

如果我不建立模型，直接写代码会怎么样？

多花一个小时设计架构，可以节省一个月的编程时间。我们知道，在设计阶段修改架构缺陷要比开发、测试、验收、发布后再修改容易得多。在白板上发现、修复问题比在数千行代码里做快得多。

当然，写代码也是了解系统及设计的绝佳方式，应该尽早开始写代码。除此之外，在探索架构时还要做实验和创建原型。借助模型思考不能代替动手实践，不能只用图表和框图来分析预测系统的行为。

你做架构设计也好，不做架构设计（让它在编写代码的过程中浮现）也好，最终总会得到一个架构。在你决定跳过架构建模，直接编写代码之前，一定考虑清楚：你打算何时设计，以及你能承受多少返工量。记住：多花一个小时设计架构，可以节省一个月的编程时间。

8.2　设计元模型
Design the Meta-Model

架构的元模型定义了模型中使用的概念和使用规则。元模型好比是设计的语法，它规范思考方式，并且设定了讨论架构的词汇。图 8.1 展示了元模型的作用。

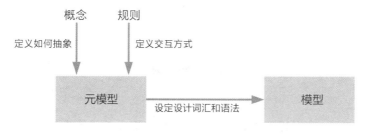

创建元模型使得模型更加精确统一

图 8.1　元模型的作用

定义元模型可以更容易地向大家描述架构、设定期望，并推演我们创建的模型。创建元模型，首先要定义概念，也就是架构中的元素和关系。定义概念后，再建立这些概念的使用规则。

8.2.1 分离新概念
Individuate New Concepts

概念分离（concept individuation）是我们学习新概念的认知过程。每当从架构中分离出新概念，我们就加深了对模型及其反映的世界的理解。

我们从小就能自然而然地分离概念。当你蹒跚学步时，你第一次见到门。观察大人开门后，你猜测转动把手可以把门打开。这时你就将门与墙的概念分离开了。有一天你试着转动把手开门，结果门却纹丝不动。于是你又将上锁的门与没上锁的门的概念分离开了。你的思维模型就是这样逐步建立起来的。

分离概念的过程称为好奇心循环（见图 8.2），它适合用于建立任何模型，无论是现实世界的模型，还是软件的系统架构。

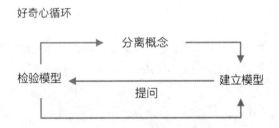

图 8.2　好奇心循环

这个循环总是从提问开始。提问是检验的手段。检验的结果要么是在模型中找到了答案，要么是发现认知还存在偏差。如果找到了答案，就强化了现有的模型。如果发现有偏差，就要修正模型（分离概念）。

图 8.3 展示了好奇心循环的一个例子。假如利益相关方很看重可用性，而我们需要控制成本，在这种情况下，我们可能会这样提问：

- 提问：哪些组件不可用造成的损失最大？

- 检验：当前的模型无法回答这个问题。我们知道有哪些组件，但不清楚组件不可用造成的损失。

- 分离新概念：引入损失的概念。

- 建立新模型：在元模型中用颜色表示损失：白色代表没有损失，黑色代表损失严重。颜色越深，损失越大。

- 检验：解决了！现在清楚了，Foo 组件不可用造成的损失最大。

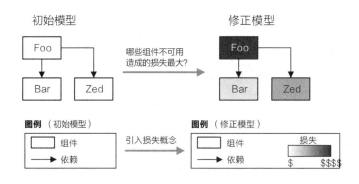

图 8.3　好奇心循环示例

修改元模型，增加损失的概念后，我们创建了一个新模型，从而可以推演成本与其他质量属性之间的关系。

从提问到解决会花一些时间，而且这里也有风险，比如我们的知识和经验不足以分离新概念，也就无法正确地设计系统。为了降低这种风险，我们可以选用现成的元模型（如架构模式）。

8.2.2　选择架构模式作为基础
Pick a Pattern to Seed the Architecture

第 2.1 节介绍过设计思维的四条原则，其中一条是善于借鉴——所有设计都是在已有设计基础上的重新设计和调整创新。使用现成的架构模式是对这条原则的最佳应用。架构模式包含了针对特定问题的元模型。选择了合适的架构模式，你就有了现成的元模型。

第 7 章介绍了几种常用的架构模式，每种模式都有元素、关系、使用规则。每种模式的元模型都是完整的、统一的，同时又具有灵活性，方便设计师在各种情况下运用。

大多数系统设计都至少运用了一种架构模式，有些还用了两种。即便有了这些架构模式，仍然有许多细节需要补充和完善。而当我们向元模型添加新概念时，我们有可能会破坏已有的架构模式。

8.2.3　保持一致性

Reconcile Inconsistencies

同时使用多个元模型（例如将多个架构模式合并）可能会出现不一致的情况。例如，两个元模型都定义了 worker 元素，但这两个 worker 的职责和使用规则完全不同。这种不一致性会破坏系统架构。为了保持一致性，应该对相似的概念进行合并，对同名不同义的概念进行更名，对使用规则做出相应调整。

向元模型添加新概念时务必附上使用规则。规则描述了元素和关系在系统中的交互方式。它们必须反映实际情况。例如，许多编程语言都有严格的类型系统。如果使用强类型语言实现管道过滤器系统（见第 7.4 节），那么元模型应包含相关类型的规则。如果选择的语言不强调类型，那么就需要定义消息描述和协议头。

规则还描述了我们在架构上引入的概念约束（conceptual constraint）。概念约束能够提升某种质量属性。例如，在分层模式（见第 7.2 节）中，层中元素只允许调用同一层或下一层的元素。这条规则可以提升可维护性。违反这条规则，系统将变成一锅粥。

建立规则的方式与建立其他概念的方式相同。先提问，然后检验模型，再通过修改或添加规则更新模型。如此循环，直到模型能解决问题。

8.2.4 取好名称
Use Good Names

给元素命名很重要，但绝非易事。命名也是一种设计，值得严肃对待。

Arlo Belshee 曾在一篇文章中将命名过程分成七个阶段[1]。他认为命名反映了我们对设计的理解程度。随着理解的加深，命名也将逐步完善。Belshee 提出的七个阶段如下：

阶段 1：空白

没有名称。我们对系统及其背景情况还不了解，无法为元素提炼名称。

阶段 2：凑合

名称不能准确反映元素的含义。我们只是刚刚有了一些大致的想法。

阶段 3：沾边

名称至少反映了元素某一方面的功能。

阶段 4：反映功能

名称直接描述了元素的所有功能。

阶段 5：反映角色

名称充分地反映了元素在架构中的角色。

阶段 6：反映意图

名称不仅能反映元素的功能，还能反映其目的。这说明我们既了解元素要做什么，也理解元素为什么存在。

阶段 7：领域抽象

名称超越了单个元素本身，成为一个新的抽象概念。元模型里的新概念就是这样诞生的。

表 8.1 是一个元素名称演变的例子。在这个项目中，我们试图命名一组元素，它们负责从 web 服务获取数据并进行转换。

---

[1] http://arlobelshee.com/good-naming-is-a-process-not-a-single-step

表 8.1　元素名称演变的例子

阶段	名称
阶段 1：空白	某个东西
阶段 2：凑合	蔓越莓
阶段 3：沾边	任务启动进程
阶段 4：反映功能	数据获取器、转换器、任务启动器
阶段 5：反映角色	数据转换任务运行器
阶段 6：反映意图	数据准备器
阶段 7：领域抽象	数据准备代理

在这个例子里，我们认识到整个系统中有好几个元素具有相似的功能和交互规则，最终名称就这样诞生了。代理的概念既创建了清晰的抽象，也改进了元模型。代理反映了这个元素承载的意义，表达了它的意图。

名称反映了你对架构概念的理解程度。如果名称只能凑合用，那说明你还没有完全理解这个概念。

8.2.5　动手练习：康威生命游戏的架构演变记录
Get Your Hands Dirty: Create an Architecture Flipbook for Conway's Game of Life

康威生命游戏模拟二维的矩形世界，其中每个单元格居住着一个细胞[2]。游戏的任一回合，细胞要么存活、要么死亡。每格细胞的状态由其周围的八格邻居细胞决定，规则如下：

1. 如果活细胞的 8 个邻居存活数小于 2，该细胞变成死亡状态（模拟生命数量稀少）。

2. 如果活细胞的 8 个邻居存活数等于 2 或 3，该细胞保持不变。

---

[2] https://en.wikipedia.org/wiki/Conway%27s_Game_of_Life

3. 如果活细胞的 8 个邻居存活数大于 3，该细胞变成死亡状态（模拟生命数量过多）。

4. 如果死细胞的 8 个邻居存活数恰等于 3，该细胞变成存活状态（模拟繁殖）。

请你编写架构演变记录（详见第 15.2 节），从元模型中分离概念，用来描述康威生命游戏。

可以从以下几个方面考虑：游戏规则中有哪些名词和动词？检查你选择的名称，它们位于七个阶段中的哪个阶段？你的模型要回答什么问题？你的图例中有哪些元素和关系？

8.3 让模型融入代码
Build Models into the Code

模型反映架构，它可以用来推演架构。但模型也有缺陷，它很容易与代码脱节。稍不小心，包含在模型中的想法就无法在代码中体现出来。那样的话，有关质量属性的思考和推演就会付诸东流，多么可惜呀！

别担心！大部分架构模型是可以直接融入代码的，稍后会讲解这方面的技巧。这样做有很多好处，当架构在代码中不言而喻时，我们就能很容易地维护设计的完整性，同时提升既定的质量属性。将模型融于代码还能降低架构漂移的可能性（因为模型和代码几乎是联动的）。这样做还减少了对文档的依赖，因为设计已经融入系统之中。

不幸的是，George Fairbanks 在《恰如其分的软件架构》一书中指出，我们不可能在代码中直接实现架构元模型中的所有概念。尽管如此，我们还是可以设法减小模型与代码之间的偏差（model-code gap）。

为了缩小模型与代码之间的偏差，Fairbanks 提出了"架构显见的编码风格"（architecturally evident coding style）。通过这种方法，我们将模型及其使用规则，还有设计背后的逻辑等都融入到代码之中。这样做可以尽可能地减小偏差，让代码充分体现架构模型。

8.3.1　统一使用架构词汇
Apply the Vocabulary of the Architecture

在抽象的架构变成具体代码的过程中，术语失配（terminology mismatch）是造成混淆的常见原因。架构讨论的是层、服务、过滤器，而代码实现的是包、类、方法。要将模型融入代码，最简单的方法就是统一使用架构词汇。

如果使用的是分层模式，那么就应该称代码包为层。如果采用了管道过滤器模式，那么就应该用管道和过滤器给类命名。

将领域模型（domain model）融入到代码中是减小模型与代码之间偏差的另一种方法。按照领域概念进行建模和编码，是面向对象编程的常见做法。许多框架都假设（或鼓励）把领域模型作为整体实现的一部分。以这种方式进行领域建模是领域驱动设计（domain-driven design）的核心原则。同样，事件驱动架构模式（event-based pttern）和响应式架构模式（reactive pattern）在很大程度上也依赖对领域工作流的事件模型的理解。

8.3.2　组织代码，突显架构
Organize Code to Make Patterns Obvious

除了命名，代码的组织形式也会极大地影响系统架构。图 8.5 展示了一个合理地分层组织代码包的例子。

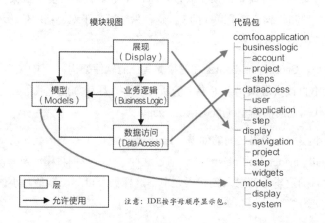

图 8.5　从层到包，合理组织

组织代码的方式不止一种，比如还可以按照功能模块来组织代码。这种方式要求完成一项功能所需的所有类都包含在单个包里。功能包外部的类将无法访问业务逻辑或数据访问类。

组织代码，使之与设计的模块结构相匹配应该成为标准做法。毕竟提升质量属性靠的是代码，而不是画在白板上的模式。如果开发的系统体现不出模式，模式实际上就不存在。如果模式没有落地，就无法提升既定的质量属性。Simon Brown 在《Software Architecture for Developers》一书中列举了不少这方面的例子。

我们至少应该做到将代码组织到包里，使之与架构元素对应。如果想做得更好，还要确保关系也能贯彻落实，从而杜绝代码与架构不一致的情况。

8.3.3 贯彻落实元素关系
Enforce Relations Among Elements

大多数开发团队的问题在于他们只靠纪律和警惕性维护架构的完整性，仅仅这样做是不够的。为了在代码中落实架构，还应该使用其他方法。一旦设计决策在代码中得到了贯彻落实，想要违反或改变就不太可能了（至少是极其困难的）。

我们能够贯彻落实架构的程度与使用的结构类型、编程语言、操作环境等因素有关。

模块结构

模块结构在代码中最容易看到，但通常最难贯彻落实。在大多数现代编程语言里，可以通过限制对特定模块的访问贯彻落实"允许使用"关系。如果这么做不奏效，还可以将模块作为库进行分发。

假如无法确保关系被贯彻落实，至少还可以监控它们，比如使用静态分析工具识别违反使用、允许使用等关系地方。在有些编程语言里，可以创造性地使用类型来呈现可见且易于监控的元素之间的关系。

组件连接器结构

贯彻落实组件连接器模型的一种方法是将系统设计为在违反架构约定时就终止运行。《Object-Oriented Software Construction》一书定义了这种"契约式设计"（design by contract）方法。该方法在代码中设置各种前置条件、后置条件和不变量，并在运行时进行检查。如果开发人员违反契约，应用就会抛出错误，终止运行。契约可以在多种抽象粒度上工作，包括对象、服务、跨线程的进程。

贯彻落实组件连接器模型的另一种方法是防止不应连接的组件之间的连接。比如，要求组件之间进行身份验证，这是数据访问层连接数据源时的常见做法。

微服务架构的迅速普及多少是因为它使领域模型在运行时可见且可落实。在模块结构中贯彻落实"允许使用"关系可能有难度。如果将这些模块转换为组件，我们就可以在运行时贯彻落实交互规则。

分配结构

在代码中表达分配模型背后的意图曾经是一个难题。由于平台即服务（platform as a service，PaaS）、容器技术（如 docker）、基础设施即代码（infrastructure as code，IaC）和分布式版本控制系统等技术的出现，现在有可能在代码中描述和贯彻落实分配模型了。

将代码视为基础设施，为静态分析创造了机会。利用云平台的自动化构建和部署管道，我们可以将自动架构检查引入部署过程。大多数平台即服务（PaaS）产品都可以测试硬件分配限制。我们还可以使用配置和自动化来贯彻落实硬件伸缩和平台配置。

与物理硬件和传统虚拟机相比，容器是轻量级的、可丢弃的。使用容器，可以采用简单且易于贯彻落实的分配模式，例如每个容器安装一个进程。

分布式版本控制与基于 web 的工具（如 GitHub）相结合，可以轻松地将特定的架构组件分配给某个团队开发，同时保持开放的协作氛围。Fork 和 Pull 上游仓库虽然会受限制，但不会阻止协作。

8.3.4　添加代码注释
Add Hints as Comments

在代码中贯彻落实模型，能做的就只有以上这些了。我们可以贯彻落实设计决策，但代码的结构不会告诉我们为什么要这么做决策。我们可以通过良好的命名和对已知模式的恰当使用，为代码注入更多的逻辑性，但如果还想更进一步，就得靠代码注释了。

代码注释可以有多种形式，比如描述逻辑和理由，或者给出已有设计文档的链接。即使异常消息也可以包含注释。最好能简要解释错误背后的设计原理，避免采用一般性的错误描述。例如，写"未知错误"就不如写"ASSUMPTION_VIOLATED：须提供文档 ID 进行验证"有效。

8.3.5 用代码生成模型
Generate Models from Code

我们还可以用代码自动生成系统模型。如果选择了合适的编程语言、技术、模式，就可以使用模型来自动验证落实情况并监控设计演变。

所有现代面向对象编程语言都可以生成 UML 类图和包图。大多数编程语言都有依赖分析工具。使用这些工具生成的模型可以分析模块结构。

组件连接器结构较难自动生成。要生成组件连接器结构必须添加分析工具以便观察运行时模型。然后就可以用记录的数据生成模型并分析架构的贯彻落实情况（参见第 17.4 节）。

8.4 Lionheart 项目：目前的进展
Project Lionheart: The Story So Far···

我们已经进入开发阶段，尽管刚开始并不顺利。团队选择传统的多层模式组织代码的运行时结构和层次，但这还远远不够。我们发现团队成员描述同一架构元素时用的词汇各不相同。我们的设计决策表面上取得了一致意见，实际上大家各有各的理解。

代码出现混乱，说明团队对设计决策依然缺乏了解。我们已经选好了架构模式，可代码里却难觅其踪影。

发现这些问题后，我决定临时召开白板涂鸦会议，希望大家在设计决策上达成共识，并提炼出通用的元模型。通过鼓励团队成员描述系统，我们对模型中的概念、元素、关系进行了合理地命名。我记下会议结论，提炼出元模型，会后发布到项目的维基页面上。

现在我们有了元模型，接下来要重构代码，使其与模型匹配。结对编程是传授架构原则的绝佳方式，我决定逐一与团队成员配对修复代码。幸运的是开发工作刚刚起步，重构还算简单。

我与团队成员配对时发现仍然有人不完全理解和赞成架构设计。我觉得还有必要召开设计研讨会，进一步探讨架构设计方案。

8.5 预告
Next Up

模型能化繁为简，它有助于推演架构和沟通。每个模型背后都有一个概念元模型。确定这个元模型，我们才能更好地分析、交流、设计架构。

本章学习了什么是模型，以及如何描述模型。尽管如此，在元模型中分离概念和规则仍然不是一件容易的事。下一章将借助设计研讨会的形式进一步探索设计空间，完善架构模型。

第 9 章

召开架构设计研讨会
Host an Architecture Design Studio

十九世纪的法国建筑学教授会推着手推车收集学生的练习项目。就算学生觉得做得还不够好，教授也会将它收走。学生就跟着手推车，继续修改设计，这里补一点零件，那里加一根线。教授就这样带着他们去收下一个学生的项目。

十九世纪法国建筑学教授已经明白：花更多时间并不一定能产生更好的设计。这一理念放到今天仍然适用。用户体验（user experience）社区将这一理念用到设计研讨会里，并加以推广。这种设计研讨会有严格的时间限制，旨在帮助团队在最短的时间内探索各种想法。

本章学习筹划和主持架构设计研讨会。读者将学习如何主持设计研讨会。良好的主持不仅仅是举止得当，更要让讨论顺利开展。本章讲解的方法将有助于提高研讨会的效率。

9.1 筹划架构设计研讨会
Plan an Architecture Design Studio

架构设计研讨会应该充分运用集体的智慧和经验。为了让大家在短时间内尽可能多地提出想法，你必须对设计研讨会的探索活动设置严格的时间限制，同时指导团队"先发散后聚合"——首先发散探索，然后快速聚合想法。

为了提高会议质量，让与会者积极参与并认可设计决策，应该做到设计探索的三个 F——快速（fast）、有效（effective）、有趣（fun）。有趣才能提高参与度，而参与度又进一步提高会议的速度和有效性。

会议主持人要负责筹划研讨会，设法激发有价值的、可实现的想法。常见的想法分为三种：

可实现的想法。这是一类很靠谱的想法。接下来应该为它创建模型或原型，进一步充实和丰富设计。

有待评估的想法。有些想法看起来不错，但包含许多假设，或是缺少重要信息。接下来需要做实验和研究进一步评估这类想法。进一步评估后，这类想法有些会被淘汰，有些则会成为候选方案。

引发新问题的想法。有些想法提出了对正在解决的问题的新疑问。这些也是设计研讨会的成果。这些问题提前暴露出来，总比开发几周后才发现好。我们应该带着这些问题去请教利益相关方，从而加深我们对问题的理解。

一次设计研讨会可能持续几小时，也可能需要一整天。在某些情况下，还可以接连几天每天都召开设计研讨会。无论时间长短，设计研讨会的基本流程是相同的（见图 9.1）。

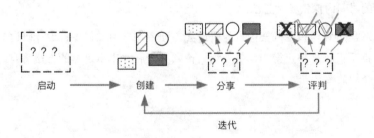

图 9.1　设计研讨会基本流程

1. 准备：提前了解要探索的问题。

2. 启动：向团队介绍研讨会的目标和问题背景。

3. 创建：制作模型、绘制草图、构建原型，通常有时间限制。

4. 分享：展示创建的内容，并具体描述设计如何实现目标。

5. 评判：团队对分享的内容进行评判，就设计能否完成目标发表意见。

6. 迭代：重复开展第3步到第5步，优化模型，创建新模型。通常每组目标至少要迭代三次。

7. 跟进：针对发现的想法、风险、问题决定后续处理步骤。

接下来逐一分析研讨会的每个阶段。

9.1.1 准备阶段
Before the Workshop: Prepare

正式启动设计研讨会前要确定研讨目标，以及参会人员（详见第9.3节）。除非你理解要探索的问题，否则不要轻易召集一群人来讨论架构，那只会浪费大家的时间。

不要低估准备会议的时间，这通常要花不少工夫。你要与利益相关方沟通、做基本调研、设法确定业务目标、提炼质量属性和关键架构需求（ASR）。召开研讨会前，你应该充分了解问题及其背景，以便有效阐述研讨目标。

定好一两个研讨目标，清楚地描述参会者在研讨会期间要探索的内容（免得开会时有人在讨论数据库的设计，而有人在讨论死锁问题）。如果开会前你对问题的理解还没有把握，那也没关系，毕竟探索解决方案可以加深对问题的理解。

清晰阐述研讨目标有助于提高大家的参与度。表9.1列举了几个阐述目标的示例。

表 9.1　阐述目标的示例

研讨目标	阐述示例
一组质量属性	"可伸缩性和可靠性是两个最重要的质量属性。我们该如何同时提升它们？"（接下来你应该向大家介绍应用场景。）
模块间的接口	"我们已经决定采用 REST API。我们要确定这个决定对系统有哪些影响。"（前提是大家都清楚什么是 REST 架构。）
领域模型	"针对客户的业务，需要定义一些常用的抽象，在整个系统中使用。"
摆脱困境	"系统是十年前设计的，目前数据的增长规模已超出设计上限。需要找出尽可能多的备选解决方案。"
分配结构	"我们要对系统进行分区，以便最大限度地开展并行开发。"
模式选择	"我们要决定如何将数据从 A 点传到 B 点。开始评估前，我们先要找出可行的备选方案。"
收集想法	"我们需要收集尽可能多的想法。每个人要争取贡献至少 5 个想法。"

　　准备研讨会可能要几天甚至几周时间。开会前，你至少应该了解了大致的业务目标和关键架构需求。清楚项目背景和研讨目标后，你就可以启动研讨会了。

9.1.2　启动研讨会
Kick Off the Workshop

　　启动阶段将为后续研讨和协作打下基础。你应该向大家分享目前你对问题和架构的认识，确保每个人都正确了解问题背景，然后回顾研讨会要探索的内容。具体花多少时间分享背景信息要根据大家所了解的情况来定。如果有不少人是第一次接触业务目标和关键架构需求，那就应该多花一些时间做介绍。

　　介绍完背景后，再简要阐述研讨目标。明确的目标有助于大家在整个研讨会期间集中注意力。会议期间，每个人都要针对目标提出备选设计方案。大家还将根据目标评判这些设计方案。

9.1.3 创建、分享、评判——CSC 迭代

Iterate through the Create-Share-Critique Cycle

研讨会的大部分时间是在开展 CSC 迭代——创建（create）、分享（share）、评判（critique）[1,2]。每一次迭代都将拓展和加深我们对备选解决方案的理解。

创建

参与者针对研讨目标，独立或以小组的形式提出设计想法（画图或建模）。用纸和笔把想法画出来是比较合适的做法，不必追求精确。在这个阶段，我们更重视想法，而不求形式上的完美。

这一步应该限制时间，通常是 5 到 7 分钟，时间宽裕的话可相应延长。别忘了，花更多时间并不一定能产生更好的设计！不过探索架构需要思考，对大多数软件架构问题来说，少于 5 分钟是肯定不够的，请根据研讨目标调整时间。

分享

创建完成后进行分享。这一步也叫游说（pitch）。每个小组有三五分钟分享创建的内容，解释自己的设计如何满足目标。分享应该做到简明扼要，不需要全面展开。大家很快就会发现：创建无法分享的内容是浪费时间。

分享时，其他人只能听，不允许提问。进入评判阶段后，每个人都有机会提问和给出意见。

评判

一个小组分享完后，其他人开始评判。评判应该围绕设计与目标的关系展开。为什么设计达不到目标？为什么设计不满足需求？这样做的目的是为建设性的对话奠定基础。

评判过程中，每个人都要就事论事，实事求是。表 9.2 列出了评判过程中可以做什么，不可以做什么。

---

[1] https://vimeo.com/37861987
[2] http://www.madpow.com/~/media/files/designstudio-webinar.ashx

表 9.2　评判中可以做什么，不可以做什么

可以	不可以
注意听分享者要达成的目标。	对于自己的设计，采取防御姿态。
就事论事，实事求是。	代入个人喜好："我喜欢这个，这是我的最爱。"
要求澄清问题。	偏离研讨主题。
指出设计引入的风险和新问题。	故意刁难。（别忘了你自己也要发言）
指出设计的优点。	只盯着缺点。

　　评判应该指出好的方面以及可以改进的地方。糟糕的设计也有闪光点，好设计也有改进的空间。每个设计都应该得到正面的反馈和建设性的批评。所有小组都分享完后，开始新一轮迭代。

9.1.4　迭代
Iterate

　　CSC 迭代可以促进思维的快速发散与聚合。创建阶段构思和绘制设计；分享阶段展示设计方案。评判阶段指出盲点，督促大家改进，或者尝试其他方案。

　　迭代能够让大家逐渐达成共识，在此基础上开展下一步的工作。在不影响研讨质量的前提下，迭代速度越快越好。

　　每次迭代后可以调整小组结构，这将有利于提高探索效果和参与度。如果有些人是单独一组，可以让他们结对或组成小组。如果大家已经组成小组，可以将这些小组重新混编。做好准备，通常每组研讨目标至少要开展三次 CSC 迭代。

9.1.5　会议总结，确定后续行动
Close the Design Studio and Decide on Follow-up Actions

　　研讨会结束前一定要留出时间让大家回顾主要议题，讨论重要的收获。此外，还要确定下一步的行动要点。哪些想法靠谱，值得进一步考虑？是否发现了重大风险，需要立即解决？是否需要马上做实验？

　　研讨会的所有成果都应当拍照留存。趁着大家记忆犹新，赶紧做好记录。尤其重要的是记录下一步的行动要点及行动负责人，以确保按计划开展后续工作。

9.2　挑选设计方法
Choose Appropriate Design Activities

　　研讨会的主持人有责任挑选一些设计方法，引导大家快速、有效、有趣地开展 CSC 迭代。已知的设计方法很多，但并非所有设计方法都适用于架构设计。应该考虑系统的特点，挑选那些能提高架构设计效率的方法。

　　表 9.3 是研讨会议程的示例，其中选择轮转设计（详见第 15.8 节）和集体海报（详见第 15.7 节）作为主要设计方法。研讨会持续时间短则 90 分钟（如果只是想做初步的探索）；长则一整天（如果准备做深入探索）。

表 9.3　研讨会议程示例

议程	时间	目的
介绍背景，阐述目标	15 分钟	让大家积极参与研讨会，做出贡献。
轮转设计	30 分钟	加快发散与聚合，让大家的头脑高速转动起来。轮转设计一般只做一轮，如果时间充裕可以多做几轮。
集体海报	30 分钟	将设计结果画到海报上，便于分享。达成共识。
分享与评判	15 分钟	每个小组有 3 分钟分享时间。采用记点投票（Dot Voting）的方法进行评判。
回顾与总结	10 分钟	回顾研讨会进展情况，确定后续行动步骤。约占据 10% 的研讨会时间。

　　你也可以挑选其他设计方法。除了轮转设计，你还可以尝试白板涂鸦（详见第 15.9 节）。如果想找到合适的系统隐喻，可以选择架构拟人化（见第 15.1 节）。总之，应该挑选有助于实现研讨目标的设计方法。

9.2.1 动手练习：画草图
Get Your Hands Dirty: Sketching Practice

设计研讨会要求参与者在极短的时间内画草图表达想法。这对没练习过的人来说有一定难度。多练习画架构草图，参加研讨会时才不会不知所措。练习时注意以下几个方面：

- 你会画几种线条？几种箭头？不同的线条和箭头可以表达什么含义？

- 尽可能精确地画出架构图，然后看看你可以删除多少细节而不产生歧义。

- 多画几种人物形象，找到最适合你的风格。

- 试着用图形、箭头、人物、涂鸦把整张纸画满。

- 用便于携带的笔记本练习画草图。

9.3 挑选参与者
Invite the Right Participants

参与者决定了研讨会的质量。与会者太多会增加会议成本；不合适的参与者会妨碍建设性的讨论，影响研讨的深度和质量。主持人需要在会议规模和人员多样性之间做出取舍。

9.3.1 调整研讨会规模
Right-Size the Workshop

小组人数越过七人，就难以有效开展协作。人太多管理起来困难，需要更多时间沟通，且难以协调时间。如果人数太多，应该分成若干小组。即便如此，一个主持人一次最多也只能应付三四个小组。

架构研讨会的参会人数一般限制在十人左右，你可以根据研讨目标以及是否有会议助手做相应的调整。根据经验，人数较少的小组效率反而更高。三五个人的小组，通常是讨论架构设计的最佳人数。当然，如果你只需要与一个人结对探索想法，那么你们两个人就足够了。

9.3.2　邀请多样化受众
Invite a Diverse Audience

理想的研讨会应该至少有一个可以提出不同意见或带来不同观点的人。邀请不同背景或不同视角的人参会，可以让大家有更多"茅塞顿开"的机会。

除了邀请主要的利益相关方，还要邀请对待解决问题知之甚少的人，他们会从不同的角度思考和提问。如果团队主要由程序员组成，那还应该邀请测试人员和产品经理。如果你们都是后端开发人员，那还应该邀请前端开发人员。挑选那些善于提问和思考复杂问题的人。确保与会者拥有不同领域的经验。每个参与者都具有独特的视角，就能更深入和广泛地开展研讨，避免出现众口一词的情况。

9.3.3　充分发挥团队的力量
Harness the Power of Groups Wisely

团队协作也有不利的一面。有一种现象叫团体迷思，是指团队成员丢掉了自己的观点，追求一种表面的和谐，从而让研讨失去了客观性。团体迷思将导致集体决策不是最优解，甚至是有害的。

经验丰富的篮球教练只听队员球鞋摩擦的"吱吱声"，就能判断球队的整体表现。同理，留心听大家在说什么，就能判断研讨会是否顺利（见表 9.4）。

表 9.4　团队表现及含义

团队表现	含义
对不清楚的地方提问；礼貌地提出质疑；讨论设计带来的影响。	协作良好。
随大流，哪个想法占优势就支持哪个；不愿意分享自己的想法。	害怕冲突，对合作缺乏信心。
想法有限；人人都是应声虫；讲来讲去都是同样的东西。	团队的思维不够发散。
总是同一个人在说话。	不是每个人都理解讨论的问题；个别人的想法占了上风。

要充分发挥团队的力量，主持人必须主动引导。比如鼓励那些沉默不语、随波逐流的人多发言。缺少分歧的讨论看起来很和谐，效果却正相反。冲突和辩论才能让我们免于故步自封，让新鲜的想法脱颖而出。

9.4 会议管理
Manage the Group

筹划和主持会议不仅仅是制订议程和把控时间，还需要投入更多的精力。你介绍设计活动的效果将直接决定参与者的研讨效率。你的互动方式也将影响大家的积极性。主持人有责任确保研讨会达到预期的效果。

9.4.1 为研讨会留足时间
Allow Enough Time for the Workshop

时间不够会造成设计活动过于仓促，降低参与者的信心，影响研讨会效果。如果希望会议出成果，务必留出充足的时间。

如果只有一两个小的研讨目标，那么确实有可能在一两个小时内快速完成探索。简短的研讨会只适合探索比较具体的目标，比如让团队对大体方案达成共识，为进一步完善细节打下基础。

大多数研讨目标至少需要一两天才能完成。如果大家不能很好地理解问题，那就需要在几周内举行多次小型会议。请记住，并非所有问题都适合在研讨会上探索。

9.4.2 设立期望
Set Expectations from the Start

研讨会既要带有一点神秘性，也要让参与者了解他们要做的事情及意义。会前介绍研讨目标有助于大家快速进入状态。

会议开始前，应该宣布会议议程。当然，没必要讲得太细致。有些细节还应该保密，以免参与者产生困惑或做出先入为主的设计。如果会议时间长达几小时，至少应该宣布每个议程的开始结束时间，以便参与者可以选择是否参加某项活动。这样，大家在参加研讨会的同时，还能时不时处理一下手头的工作，不至于影响研讨会正常召开。

此外，还应该宣布参会的基本规则。下面列举了一些常见的会议规则。

- 人人参与

- 时间一到，马上进入下一个环节

- 回答不分对错

- 遇到不明白的地方，请提问

- 注意时间

9.4.3 解说-展示-再解说
Introduce Activities with the Tell-Show-Tell Approach

介绍新设计方法时，一定要说明大家要做什么，展示一个例子，然后再回顾之前的说明。大多数人接受新事物时都会遗漏重要的细节。展示例子后再回顾之前的说明，让参与者有第二次机会就不明白的地方提问。

最好能使用以往研讨会的例子。如果没有现成的例子，可以展示类似活动的照片。

9.4.4 分享诀窍
Share Tips for Activities

许多人也许是第一次参加这种协作研讨会。你宣布开始后，肯定还是有人会发懵。

为了帮助新手入门，主持人可以分享参加每项活动的诀窍。简单的提醒和建议可以起到很好的作用。留意那些神情木讷的人，他们可能需要帮助才能进入角色。

9.4.5 设置截止时间
Set Deadlines

研讨会的所有活动都有时间限制。合适的时间限制能让活动开展得更快。参与者应该会感到有些紧张，但差不多总能恰好完成设计活动。理想情况下，每个活动都像"压哨球"，当你宣布"时间到"的一刹那，小组正好画完草图！

9.4.6 适时指点参与者
Educate Participants Just-in-Time

除非你之前与研讨会的所有参与者都合作过，否则一定要在研讨会期间留出一些时间指点某些成员，教他们一些关键的软件架构知识和设计概念。适时指点的目标是确保参与者掌握足够的知识，以便顺利融入设计活动。你需要做的只是快速回顾重要的架构概念，或者简单地介绍质量属性场景。

大家的参与度对于会议至关重要，否则就不需要开研讨会了。一定要确保参与者掌握必要的知识和信息。

9.4.7 使用"停车场"
Use Parking Lots

架构设计的道路蜿蜒曲折。研讨会上可能会出现一些有趣的想法，这些想法可能与当前的研讨目标无关，没时间深入探索。你可以把这些想法列成清单，我们称之为"停车场"（parking lot），方便会后查看。把有趣的想法放到"停车场"里，这样不会影响研讨会的正常进行，以后有时间可以随时再做进一步讨论。

9.5 与远程团队协作
Work with Remote Teams

参加设计研讨会的人也许很难凑在一起。没关系，研讨会可以用远程会议的形式召开。下面介绍一些开展远程研讨会的技巧。这些技巧适用于本书介绍的所有活动。

使用远程协作工具。这是基本条件。选好远程协作工具，外地小组才能参加研讨。研讨会可能需要一些工具才能开展，比如屏幕共享、协作文档编辑、协作绘图、群聊、语音通话等。

增加议程时间。远程研讨会需要更多时间完成协作和设计活动。会议中往往还会出现技术问题。你需要提前做好准备，才不会手足无措。

备用沟通渠道。电话里一次只有一个人可以说话。在这种情况下，小组协作会非常困难。应该用群聊软件作为备用沟通手段。如果需要小组协作，给每个小组设好电话会议号码，并且约定截止时间，以便他们能及时回到大组讨论中来。

准备共享资料。参加远程会议的人很难集中注意力。主持人没法在白板上做分享，因为只有房间里的人能看到。你应该提前准备好演示材料，这样外地参与者可以在自己电脑上打开观看。讨论时，大家可以共享一个文档，所有人在共享文档上编辑、修改内容，这样每个人都能参与进来。

创造面对面的机会。没有什么方式比面对面互动更有效。如果可能，最好用视频会议软件，让参与者至少可以时不时看到彼此。

离线运转。研讨会不是探索想法的唯一方式。你可以在持续几天的时间内，以一种更慢的节奏开展很多设计活动。比如，像轮转设计这样的活动就可以通过电子邮件完成，效果也很好。

我举一个远程研讨会的例子。主持人 Marie 来得很早，她打开屏幕共享软件，并拨通了电话会议号码。所有参与者都拨通后，Marie 启动了会议，她展示幻灯片，介绍研讨会的议程和目标。Marie 以往会把这些东西写在白板上，这次她用幻灯片也达到了同样的效果。

大家开始进行轮转设计。Marie 引导参与者绘制架构视图，然后用手机拍照进行分享。所有参与者都可以通过 Slack（团队协作工具）分享草图。进入第二轮，每个人使用绘图软件对分配给他的草图进行批注，然后截屏，将原始图片和带批注的图片都共享到 Box.com（文件共享平台）上。

针对草图开展一番简短的讨论后，Marie 将参与者分成若干小组。小组用 Google Hangouts（聊天软件）进行沟通，用 Box.com 创建文档，展示小组的设计想法。时间截止后，所有人重新进入电话会议，演示各小组的成果。在评判阶段，Marie 和大家在共享文档中一起做记录。这次会议持续了两个多小时，最后按时结束，这与 Marie 的预期一致。如果是本地会议，大约只需要 90 分钟。

9.6　Lionheart 项目：目前的进展
Project Lionheart: The Story So Far···

　　团队内部出现了分歧。有些人认为应该选择面向服务的方法，使用微服务。其他人认为应该保守一点，采用久经考验的多层模式。两种模式各有优劣，为了化解矛盾，我决定召开设计研讨会，在会上做出决策。

　　我设定了研讨会目标：探索各种架构模式差异，把风险放到台面上来讨论。我启动研讨会，借助设计活动让大家提出想法。除了微服务和多层模式，大家还提出了其他有趣的想法。

　　第一轮演示和评判后，我让大家创建集体海报。出乎意料的是，大家在仔细考虑之后，居然都放弃了微服务！两个小时的研讨会中，我们一共探索了六种设计，找到了最佳解决方案。更重要的是，每个人都充分表达了自己的想法，最后达成了共识。这正是研讨会的成果。

9.7　预告
Next Up

　　设计研讨会非常适合用来快速探索创意和想法。比起决策本身，研讨的过程也许更重要。所有人都参与到这个过程中，形成共同的责任感。这种责任感将在今后的工作中发挥重要的作用。

　　另外，我们应该认识到设计研讨会的局限性。架构设计不能全靠团队协作和贴便利贴。设计研讨会本身不足以产生出色的架构设计，而且研讨会的效果很大程度上取决于筹划和组织的水平。

　　我们已经学习了定义问题、探索设计想法、创建模型、制订设计决策。下一章将学习用可视化的方式呈现设计思想，以便与利益相关方和团队成员进行沟通。

第 10 章

展示设计决策
Visualize Design Decisions

分享设计想法的最佳方式是把它展示出来。光凭嘴说，别人可能很难理解你的思路。把架构画出来，大家就能按照自己的节奏和方式来琢磨。开发人员都清楚，讨论抽象想法最好找一块白板，画点草图。把想法画出来才能保证大家的理解是一致的。

架构图没必要画得很精致，只要能够有效表达想法就行。第 8 章曾讲解过通过创建准确的模型来推演架构，提升质量属性。本章将学习绘制架构图，以便与开发人员沟通。

10.1 用不同的视图展现架构
Show the Architecture from Different Views

我们不可能用一张图画出架构的所有细节。也不会有人这样做。正确的做法是创建多个架构视图。视图就像故事，要么代表了利益相关方的视角，要么解决了一组问题。

想想我们用 Google 地图导航的情形。放大地图，可以看清城市的条条大道。缩小地图，城市就变成了州际高速沿线的小点。打开叠加层，可以看到实时路况和天气。我们还可以在街道地图、卫星图像、地形图之间切换。有些应用还提供街景，让我们看得更清楚。

地图应用程序提供的这些视图展现了这个世界的不同层面，可以帮助我们更好地规划自驾游。哪一条是从匹兹堡到阿尔伯克基的最佳路线？如何躲避雷雨？哪里可以吃到鸡肉炒面？

像地图一样，不同的架构视图可以回答不同的问题。开发进展如何？谁负责开发这些组件？如何支持质量属性场景？

软件系统各不相同，因此没有固定的视图组合。不过有几个视图对大多数软件系统都适用。

10.1.1　元素功能视图
Tell Us What Elements Do with an Element-Responsibility View

线条和方框是架构师最常画的东西。虽然线框图可以表现元素之间的复杂关系，但其架构意义却不是那么显而易见。回忆一下 Lionheart 项目元素概览图（见图 10.1）。

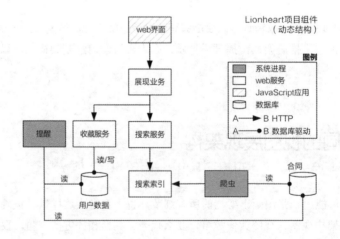

图 10.1　Lionheart 项目元素概览

这张图还缺少一些重要信息。我们知道每个元素都有特定的用途，但仅靠这一张图还不足以构成元素功能视图。表 10.1 补上了缺失的部分。根据要分享的信息，你可以选择用注释、表格、描述性文字来说明元素的功能。

表 10.1　Lionheart 项目元素的功能

元素	功能
web 界面	在用户浏览器中渲染用户界面，处理用户交互。
展现业务	认证和授权，作为其他支持服务的接口，为程序调用验证业务逻辑。
搜索服务	处理查询解析、搜索、分页、过滤。
收藏服务	标准化标签，将用户收藏进行永久存储。
提醒服务	定期查询近期更改，根据用户数据库中的订阅信息发送提醒邮件。
爬虫	从合同数据库中读取数据并进行转换，再添加到索引中。
用户数据库	用户订阅和其他用户输入内容的永久存储。
搜索索引	合同数据的优化呈现，便于搜索。界面中展示的所有合同数据都是可搜索、可排序的，存储于数据库中。
合同数据库	永久存储。招投标合同数据记录系统。
关系：HTTP	基于标准的 HTTP 协议服务通信。API 默认是 RESTful。
关系：数据库驱动	待选定的数据库的原生驱动程序/客户端。

元素功能视图很常用，有些项目只需要这一个视图就够了。只要列出元素及其功能，就有可能开发出可用的系统。

10.1.2 精细视图
Zoom In or Out with a Refinement View

我特别喜欢电影里的一个场景：侦探可以放大模糊的照片。与模糊的嫌犯照片不同，我们几乎可以无限放大软件系统的视图。精细视图增加了模型细节，可以不断放大，显示元素的内部运作情况。

让我们放大图 10.1 的展现业务组件，查看其静态结构（见图 10.2）。

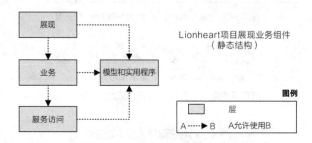

图 10.2　Lionheart 项目展现业务组件

经过一层放大后，我们可以看到展现业务组件使用了典型的分层模式：展示、业务和服务访问逻辑层，外加用于组织数据模型和实用程序类的"挎斗"层（sidecar layer）。图 10.2 展示了该组件采用的模式。如果想了解更多细节，还需要进一步放大（见图 10.3）。

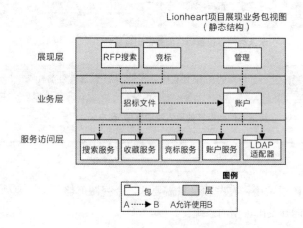

图 10.3　Lionheart 项目展现业务包视图

进一步放大的视图展示了层内的包及其交互方式，我们可以借此了解与可维护性相关的质量属性场景。从图 10.3 可以明显看出，招标文件包与其他包的联系过于紧密，这将增加测试和调试的难度。

请注意，图 10.3 未画出"挎斗"层的细节。所有层都可以使用"挎斗"层中的类，把这些关系都画出来会显得混乱，所以以图 10.3 忽略了一些关系。对视图进行裁剪可以突出某些关系，但也可能使架构模型变得难以理解。

精细视图聚焦于局部。在逐步放大的过程中，我们既能看清全局，也能掌握关键的细节。

精细视图要画到什么程度，可以参考第 2.1 节介绍的推迟决策原则。只有需要展示特定的质量属性，或者降低高优先级风险时，才有必要将视图进一步细化。

10.1.3 质量属性视图
Show How the Architecture Promotes Quality Attributes

质量属性视图展示了架构如何提升特定的质量属性。它还可以隐藏某些与当前问题无关的细节。例如，考虑表 5.4 中 Lionheart 项目的一个可用性场景。

用户搜索公开的招标文件，一年中 99% 的时间都能正常获取结果列表。

为了满足这一质量属性，我们引入了冗余模式（见图 10.4）。

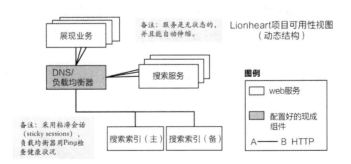

图 10.4　Lionheart 项目可用性视图

要保证可用性，Lionheart 服务必须在遇到故障时重新恢复。为此，展现业务组件、搜索服务组件、搜索索引组件都需要有多个实例。展现业务组件和搜索服务组件是无状态的微服务，因此很容易通过容器管理系统部署多个实例，比如 Kubernetes[1] 和 Marathon[2]。

搜索索引组件是有状态的，而且可能成为系统的性能瓶颈，所以我们需要谨慎处理数据存储。还需要考虑路由，应对可能的故障，避免宕机和数据分区。为简单起见，使用负载均衡器和域名系统（DNS）处理路由。

借助图 10.4 还可以判断系统能否支持质量属性场景。假设其中一个搜索索引实例出故障了，负载均衡器检测到故障后，可以将路由切换到备用搜索索引实例。看起来没什么问题。

这个视图的方向是对的，但还需要进一步完善。健康状况检查多久运行一次？Ping 有什么要求？负载均衡器出故障怎么办？如果出故障的搜索索引实例又可用了会发生什么？一张图不足以解释架构如何确保可用性，可以用文字进一步补充细节。

10.1.4 映射视图
Connect Elements from Different Views

随着视图越来越多，不同视图中元素的关联和关系变得越来越难看清。映射视图可以解决这个问题，它把两个或两个以上的视图组合到一个新的视图里，以便展示元素之间的关系。

工作分配视图和部署视图是最常用的两个映射视图。工作分配视图在团队及其开发的元素之间建立映射关系。部署视图则显示组件连接器视图中的运行时元素的安装和使用位置。

表 10.2 是 Lionheart 项目的工作分配视图。

---

[1] http://kubernetes.io
[2] https://mesosphere.github.io/marathon

表 10.2　Lionheart 项目的工作分配视图

组件	负责团队	说明
web 界面	蜜獾战队	团队由 web 前端专家组成
展现业务	蜜獾战队	组件与 web 界面紧密耦合
搜索服务	红衫军	
搜索索引	红衫军	团队由 Solr 开发人员组成
收藏服务	蜜獾战队	需要有能力的团队承担，组件直接影响用户体验
提醒	待定	寻找合适的开发团队
爬虫	红衫军	团队有相关经验
DNS/负载均衡器	创世纪战队	基础设施专家
用户数据与合同数据库	春田市政府	数据在对方手里

　　注意，这个例子里的视图实际上不是一张图，而是一张表。只要能有效展示设计决策，采用哪种形式都可以。

　　映射视图在不同的利益相关方之间建立了联系。工作分配视图就非常适合项目经理用来制订计划和调动人员。

　　映射视图提供的背景信息是利益相关方很难自己拼凑起来的。例如，考虑产品经理的需求。他也许很关心某些功能何时可以交付。架构组件及其功能之间的映射可以展示软件的各个部分对应哪些功能。有了这些信息，团队能够开展自我组织，开发人员就能在了解产品经理需求的情况下调整工作任务的优先级。瞧，你已经在设身处地为利益相关方考虑了！

10.1.5 粗略视图
Let Ideas Breathe with a Cartoon

前面讲的视图都比较精确，但是精确的模型需要细节支撑，制作起来非常耗时。精确有时甚至会妨碍沟通，尤其是在探索想法时。刚开始接触系统时，使用粗略的模型也许更有效。

架构草图是一种可以快速绘制但不甚精确的模型。它非常适合用于临时沟通，但不适合用来做详细分析。架构草图在快速迭代和非正式沟通中很常用，尤其适合在设计研讨会上做临时讨论用。

草图足以表达设计想法的精髓。图 10.5 左侧是马的草图，右侧是马的写实图。一匹马四条腿，浓密的鬃毛一条尾。如果你只想表达这些，那画草图就足够了。除非你想表现马的肌肉组织和解剖结构，否则不需要画得那么精确。

作者手绘，2017年　　　　　　　　T. Dixon作品，1822年

图 10.5　马的草图与写实图

架构草图使用简单的符号，省略了精细视图的许多细节。草图适合用来构思设计。等架构稳定后，再创建更精确的模型不迟。

图 10.6 是 Lionheart 项目的架构草画。读者不妨拿它与之前的精细视图做个比较。

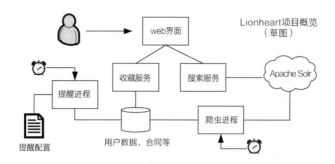

图 10.6　Lionheart 项目的架构草画

10.1.6　自定义视图
Create Custom Views to Show Exactly What You Need

绘制架构视图是为了与利益相关方进行有效的沟通。只要能满这个目标，采用什么样的形式都行。你完全可以发挥创意，制作属于自己的视图。

视图总是某种"成分"的组合：元素与功能，质量属性与模式，元素与项目进度等。绘制新视图非常简单，只要将新"成分"与架构元素组合在一起就行。如果你想展示系统的性能瓶颈，可以先用组件图画出系统的信息流，然后按执行顺序给组件涂上各种颜色，一张性能视图就画好了。

不过请记住，所有视图（包括自定义视图）的绘制都要以第 8.2 节介绍的元模型为基础。

10.2　绘制出色的图表
Draw Fantastic Diagrams

出色的视图不仅仅是漂亮的图表，它应该反映架构模型和设计思想。有些人以为架构视图不过是一些线框图，实际上其内涵远不止于此。

图表可以用来表现各种设计思想，它将架构设计用可视化的方式展示出来

——化虚为实——这是其他方式较难做到的。出色的图表可以降低大家理解架构的难度。

表 10.3 列出了绘制出色图表的一些技巧。

表 10.3 绘制出色图表的技巧

建议	避免
添加图例，对图中元素进行说明。	假定受众了解你用的符号（哪怕是 UML）。
添加描述性文字，说明图中结构类型。	把所有内容都画在一张图表里。
添加文本注释，便于理解。	使用黑白打印时无法区分的符号。
所有图表使用一致的符号。	使用多余的装饰和不必要的形状和线条。
突出显示模式。	省略文字描述。

我们来逐一讲解这些技巧的用法。

10.2.1 使用图例
Use the Legend, Don't Just Include a Legend

请看图 10.7，你能猜出图中的符号代表什么吗？

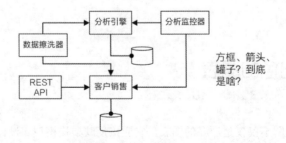

图 10.7 缺少图例的图

缺少图例的图很难看懂。如果加上图例，那就是另外一番景象了（见图 10.8）：

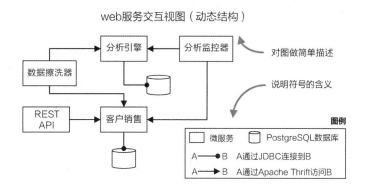

图 10.8　添加图例的图

现在我们清楚了，这张图画的是 web 服务架构，采用的通信机制是 Apache Thrift[3]。它为负责实现架构组件的设计人员提供了必要的细节，也方便与利益相关方进行沟通。

图例对视图采用的元模型（参见第 8.2 节）进行了说明。添加图例可以让图表保持前后一致，提高其可读性与实用性。

理解元模型后，我们就不难发现图 10.8 中可疑的地方了。分析监控器和数据擦洗器应该用微服务吗？如果我说分析引擎服务提供的是 REST 接口而不是 Thrift，该怎么办？这是一个错误，还是以后的计划？

无论你采用什么符号，图表都应该有图例。这条规则既适用于 UML 这样的标准化方法，也适用于自定义的视图。并非所有人都熟悉 UML 术语，添加图例才能清晰地展示信息。

---

[3] http://thrift.apache.org

10.2.2 突出模式
Highlight the Patterns

图 10.8 包含了隐藏的信息。我来移动一下其中的组件（见图 10.9）。注意，我只改变了组件的位置。

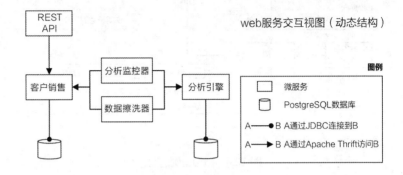

图 10.9 改变组件位置

重新排列服务后，不难看出架构使用的是多层模式（见图 10.12）。重新排列后，模式变得清晰可见了。其他人将更容易理解架构的设计意图。例如，明白这是多层模式后，大家就会避免让 REST API 直接与数据层中的数据库通信。

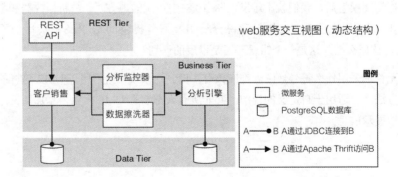

图 10.12 突显多层模式

Simon 的建议：保持简单和完整
Simon Brown，独立顾问，《Software Architecture for Developers》作者

　　我给全球一万多人做过绘制架构视图的培训。我敢说大部分软件开发人员在这方面都不合格。我看到的许多架构视图都是对系统的分解图，常常省略了必要的细节。大家都认为应该把系统的逻辑视图与开发视图分开。不幸的是，这往往导致一组图表在单独看时价值不大，任何一张图表都不能精确反映代码内容。

　　我建议将系统的逻辑视图和开发视图合并起来，用一组图表反映代码内容。为此，我提出了 C4 模型——一组从不同抽象层次展示系统架构的图表。系统背景图（context diagram）反映系统如何融入环境（包括用户和其他软件系统）。容器图（container diagram）反映系统是如何由容器（应用程序和数据存储）组成的。组件图（component diagram）展示特定容器，显示其中的组件。最后，还可以使用 UML 类图展示特定组件，显示代码级元素。

　　虽然 UML 很有用，但我更喜欢用简单的方框和线条表现架构。为避免混淆，我建议尽可能使用简单的、不言自明的符号，并且添加必要的图例。最后，还可以在方框中添加一些描述文字（如模块功能）。这样的图表简洁大方、一目了然，可以减少歧义。

　　在图表中突出模式的方式有很多，包括选择能代表模式的标题，创建突出模式的视图，合理地排列元素等，但最关键的是要把模式运用到你的设计里。

10.2.3　简洁与一致

Strive for Consistency and Simplicity

　　每一笔每一画都要有所指。颜色、形状、方向、字体、位置的选择都要代表某种含意。添加不必要的细节和装饰只会增加他人理解的难度。选择多种颜色和形状应该是为了突出想法，而不是为了画蛇添足。

　　注意图表的一致性，如果某个元模型概念出现在两张图中，最好用相同的形状和颜色来表示。如果你不想刻意表现什么，就不要随便改变颜色和字体。

细节太多容易产生混淆。不同形状的箭头应该代表不同的含义，否则混用各种形状的箭头只会叫人犯晕。在清晰表达设计思路的前提下应力争保持简洁。

10.2.4 描述性文字
Provide Descriptive Prose

用来描述图片的文字往往是视图中最有趣的部分。这些文字既可以解释视图中的元素是如何组织在一起提升或抑制质量属性的，也可以说明为什么要用这种方式设计系统。有时候，图表反而是视图中最无趣的部分，因为精华都在这些文字里。

描述性的文字讲述了架构的故事，它的形式多样，可以是一小段文字，或者几条要点。视图实际上借助文字和图表共同来讲述架构故事的：架构从哪里来、它怎么工作、它的目标是什么。

下一章将学习分享视图背后的故事。图表是表现设计决策和设计背景的手段，但图表自己不会说话，需要由你来讲述它的前世今生。

10.2.5 动手练习：评判图表
Get Your Hands Dirty: Critique Some Diagrams

找出你最近参与项目的架构视图。你觉得这些图表还能做哪些改进？如果项目仍在进行，请尝试改进视图，并分享给团队。以下是需要考虑的一些事情：

- 图表能帮助你推演什么？

- 图表中的基本模式是什么？有隐藏的模式吗？

- 底层元模型是什么？可以直接从图表中看出来吗？

- 图表是否完整？在表达设计思路的前提下，还能再简化吗？

Joe 提问：

我是否应该使用架构描述语言？

本书不打算介绍架构描述语言（architecture description language，ADL），但你至少应该知道有这么个东西。大多数架构师使用简单的绘图工具开展工作，比如 PowerPoint、Visio、Graphviz。有些人甚至只用纸笔画图然后拍照，效果也不错。

简单的图表工具易于使用，还方便生成共享文件，但图片有时会限制深入分析。使用 ADL 可以解决这个问题，因为它强制使用专业词汇定义模型。ADL 工具可以对模型进行自动检查。有些 ADL 工具甚至可以生成代码和做反向工程。

ADL 听起来很棒，但用起来不一定轻松。ADL 会限制设计的表现力。ADL 工具保存模型的格式都不通用，而且大多数工具还不成熟，学习起来比较费劲。

我建议只在真正需要时才使用 ADL。这是最新的 ADL 列表：http://www.di.univaq.it/malavolta/al。

10.3 Lionheart 项目：目前的进展
Project Lionheart: The Story So Far···

项目已进入开发阶段，一切进展顺利。我们掌握的项目信息和细节每天都在丰富，架构越来越成熟。团队不断地绘制图表，互相征求意见，探索各种设计。

在设计研讨会上，大家常常不约而同地画出一样的图。我时不时用手机拍下白板上的草图，加上文字说明放到代码库里。我还制作了元素功能视图，以便向大家解释系统是如何协同运作的。这些视图派上了大用场，尤其是往架构中添加新元素时。

到目前为止，我们分享设计决策的方式都是非正式的，也因此有一些失误。我觉得是时候改进文档了，让它变得更正式一些。

10.4 预告
Next Up

分享抽象概念时不妨画图试试。别犹豫，画图不但可以让抽象的想法变得具体，还能启发灵感。你在白板上画图尝试解决问题，其他人也会产生兴趣。借助图表更容易表达设计决策，说明如何提升质量属性。文字与图表的结合可以让架构视图变得更完整。每一张视图都是一扇看清架构的窗户。

下一章将学习结合图表来正式描述架构。架构描述除了图表，还应该包含设计决策、历史信息、逻辑依据，告诉人们为什么这样设计系统。

第 11 章

描述架构
Describe the Architecture

大家都不喜欢写架构文档，它占据了写代码的时间，而且看起来总是过时的。另外，文档格式常常很怪，编辑起来很麻烦。最重要的是，没有人愿意读！难怪有人说软件架构描述（缩写 SAD）是一个悲剧。

糟糕的架构描述着实让人难受，但出色的架构描述却能向团队展示清晰的愿景。优秀的架构描述是有用的资产，它能促进沟通与协作，将设计决策和思想有效传递给每一个人，提高软件开发的质量。

本章学习描述软件架构，用人性化的、简洁的形式向受众展示确切的信息，让大家爱上它。爱是一个带有强烈情绪的词，但我保证让人们爱上架构描述比你想象的简单。

11.1 讲述完整的故事
Tell the Whole Story

第 8.3 节曾提到，架构模型与代码之间难免存在偏差。我们可以缩小模型与代码之间的偏差，但无法用代码表达所有架构设计决策。不过没关系，利益相关方几乎不会阅读代码，况且项目刚开始还没有代码，这时设计规划才是最重要的。

架构描述的重要性主要体现在以下几个方面：

组织有序。开发软件既要与人打交道，也要与技术打交道，两者同样重要。架构描述展示了所有东西是如何组织在一起的。为了管理和协调开发工作，每个人都需要知道系统中的组件如何协同运作。

在开发人员与业务相关方之间建立通用语。所有利益相关方都有权理解架构。架构模型建立了设计词汇，架构描述则将这些模型转化为利益相关方可以理解的形式。架构描述最重要的作用之一是向业务相关方展示软件架构是如何实现业务目标和提升质量属性的。

突出质量属性。质量属性通常不那么清晰可见，容易被忽略。架构描述将质量属性视为一等公民，将质量属性清晰呈现出来，化虚为实，让人们可看、可读、可谈。

理清思路。如果不试着写架构描述，很容易就会以为所有东西都清楚了。笔尖触到纸的那一刻，你会发现脑子里的想法不过是一团糨糊。写架构描述强迫我们搞清楚什么是我们知道的，什么是我们认为我们知道的，还有什么是我们不知道的。

创建可评估的媒介。我们无法推演看不见、摸不着的东西。我们也不能等到设计决策在代码里实现后再来做评估。架构描述提供了一种分析设计决策的媒介，以便及时发现错误。花一个下午解释一个愚蠢的想法，总比花一个月开发要好得多。

展示架构。软件架构很酷！你倾尽全力设计的系统，应该让所有人都来欣赏！架构描述是展示系统的有效方式，它能让客户和管理层对你的设计产生信心。架构描述中清晰的目标、计划、愿景将彰显你的领导能力。

架构描述很重要，不过一定要根据项目和团队的具体情况选择合适的描述方法。

11.2　因地制宜，选择描述方法
Match the Description Method to the Situation

架构描述没有一成不变的方法。较小的系统可以采用白板和故事板。如果是为受监管行业开发系统，根据法律要求可能需要用文档记录所有设计决策。

为了决定如何描述和记录架构，架构师应该问自己两个问题。设计决策发生变更的可能性大吗？将来准备在多大程度上分享设计决策？你的回答决定了应该采用下述四种方法中的哪一种（见图11.1）。

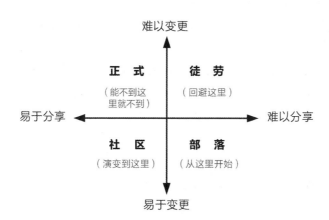

图 11.1　选择架构描述方法

11.2.1　部落描述：口述历史
Create an Oral History with Tribal Methods

部落描述方法严重依赖口头约定。故事、隐喻、草图都属于部落描述方法。我们的工作总是从这里开始。部落描述很容易修改，尤其符合初期架构设计的快速探索要求。

虽然部落描述很容易成生和修改，但很难分享。当大家聚在一起工作时，系统隐喻（见 16.10 节）可以很好地发挥运作。不过这种口头约定只在有人擅长讲解时才奏效[1]，而且频繁讲解会让人筋疲力尽，哪怕是只有六个人的小团队。

---

[1] Michael Keeling，《Creating an Architecture Oral History: Minimalist Techniques for Describing Systems》，SATURN 大会 2012，http://resources.sei.cmu.edu/library/asset-view.cfm?assetID=20330

11.2.2　社区描述：传播得更远
Reach Further with Communal Methods

根据经验，如果你发现自己不止一次向同事讲解某一处架构设计，那么就应该设法采用更易于分享的方式描述架构。社区描述方法就派上用场了。

社区描述方法的重点是可以在社区内共享，而不仅仅靠口口相传。架构主旨（architecture haiku，或者叫架构俳句、架构绝句，见第 16.2 节）、架构显见的编码风格（见第 8.3 节）、架构决策记录（architecture decision record，见第 16.1 节）都是社区描述方法。社区描述也有易于修改的特点，而且比部落描述容易分享。

随着架构逐渐成熟（变化率降低），大多数团队会自然地从部落描述过渡到社区描述。社区描述方法对于许多团队来说已经够用了。如果项目还需要一些更持久的东西，则可以采用正式描述方式。

11.2.3　正式描述：必要时才采用
Invest in Formal Descriptions Only When Required

正式描述由传统的架构描述文档和正式模型组成。这类文档很长，需要更多精力创建。正式模型（用数学模型定义的那种架构）需要更高的准确度和精度。如果系统风险和架构决策风险较高，或是需要高度协作，可以考虑采用正式描述方法。另外，有些行业可能要求使用正式文档。即便如此，创建正式描述之前，最好还是从部落描述和社区描述开始。

尽量从白板、草图、系统隐喻开始设计，而不要从传统文档开始设计。在做决策时，一次记录一条架构决策记录。一旦做出决定，将所有内容汇总到架构主旨里，然后继续重构代码，使其正确反映设计模型。架构逐渐定型后，如有必要（或利益相关方有要求）再创建传统的文档。

11.2.4　创建传统的软件架构描述
Create a Traditional Software Architecture Description

每个架构师都应该会写传统的软件架构描述（SAD）文档。虽然写这类文档非常耗时，但它们有重要的价值。我不是说文档要写得很长，只是说传统的 SAD 在合适的时候也能发挥作用。

大多数利益相关方，甚至是开发人员，可能从未见过整个架构。而 SAD 可以将所有东西汇总在一起。

传统的架构文档可能长达二十几页（取决于具体的架构模式）。我写过的 SAD 中，有少数几个超过了七十页。当然，其中包括一些形式化的内容。不过，即便不算这些形式化的内容，写 SAD 也绝不是一个小工程。

写传统架构描述的第一步是创建或查找文档模板。网上有许多现成的模板[2]。我推荐使用软件工程研究所（Software Engineering Institute，SEI）的超越视图（views and beyond）[3]和 ISO/IEC/IEEE 42010 标准模板[4]。所有传统架构描述都包含相同的基本部分：

引言和导读信息。包括标题页、版本说明、签名页、目录、图表目录、许可和法律声明等。目录和图表目录可用于检索。其余部分旨在表而文件中所掌握信息的重要性。有些利益相关方可能认为这些内容非常重要。

文档综述和简介。简要介绍文档目的以及组织和创建文档的方法。SAD 可能是某些利益相关方第一次读到的架构描述。你可以借此机会适当介绍背景知识，以便读者能够欣赏你的架构设计。

利益相关方诉求、业务目标和关键架构需求概述。架构中的所有决策都基于利益相关方的诉求，因此在描述设计之前有必要列出这些诉求。我习惯在这里总结关键约束和质量属性。如果你已经创建了 ASR 工作簿（见第 5.6 节），可以在这里说明，并给出链接。架构描述应该做到尽量简洁，避免重复，就像代码一样。

系统情景图。简要介绍软件系统所处的背景和环境（详见第 16.3 节）。

相关视图。第 10.1 节曾提到软件架构非常庞杂，很难用一张图表完整展示。我们需要多张架构视图，才能解释软件如何满足质量属性和其他需求。简单地将视图罗列出来，读起来会很费劲。为了方便受众理解，我们会围绕受众关心的问题组织视图。每个视图都展示了利益相关方所关心的东西，比如一组质量属性场景。第 10.4 节还会详细讨论这个问题。

风险、未解决问题及后续工作。总结已知的风险和未解决问题。这样做的目的是在已知的"雷区"周围点亮红灯，提醒以后的设计人员。

---

[2] http://www.iso-architecture.org/42010/applications.html
[3] http://www.sei.cmu.edu/architecture/tools/document/viewsandbeyond.cfm
[4] http://www.iso-architecture.org/42010/templates

附录。至少应该给出术语表。我建议将质量属性分类方案（quality attribute taxonomy）作为附录。有些正式文档的附录还包括变更流程和变更请求模板。

创建 SAD 可能会让人筋疲力尽，需要团队协作完成。可以指定一个人负责创建模板并分配编写任务，同时确保文件内容、风格统一。

11.2.5 徒劳描述
Avoid Wasting Time

为了完整起见，我在图 11.1 中加上了徒劳描述象限，代表难以更改、难以分享的描述方法。在实际工作中，最好不要采用这种描述方法。

让我们看看徒劳描述的例子。用精美的幻灯片描述架构就属于徒劳描述，这是一种浪费时间的做法。精美的幻灯片不是不好，但制作起来费时。你需要花数小时调整标题、字体等细节。投入这么多精力后，即使内容有变化，也没有人愿意再去修改那些精美的布局。与部落描述方法相比，幻灯片就像是刻在了石头上，很难擦洗。不过，无论采用哪种描述方法，出色的描述都有以下四个特征：

1. 根据受众的需求定制。

2. 用多个视图展示架构。

3. 清晰定义元素及其功能。

4. 解释设计决策的逻辑依据。

接下来逐一介绍这四个特征的含义和实现方法。

11.3 尊重受众
Respect Your Audience

设计思维的四条原则（见第 2.1 节）指出：设计的本质是社交。谁会读你的架构描述？他们需要什么？如何才能提供他们需要的信息？之前通过换位思考，我们已经确定了利益相关方的需求。我们设计了架构，用来解决他们的问题，现在要做的是设法分享这些信息。只有了解受众，才能写好架构描述。你写得越好，人们就越愿意阅读，这又会进一步扩大设计决策的影响。

 George 的建议：从不同层次讲故事
George Fairbanks，Google 软件工程师，《恰如其分的软件架构》作者

我们都见过某些开源项目的代码库，用一个文件夹装数百个源文件。你花了很多精力推测这些系统是如何运作的，仍然免不了犯错。

如果换个方式组织代码，理解起来会容易得多，比如将代码按层次组织，这样就可以随时放大查看细节，缩小纵观全局。就像一顿晚餐，如果放大这画面，你会看到具体的菜式、菜品、配菜、作料。

分层有助于清晰思考。如果你想估计吃晚餐的时间，可以看看总共有几道菜；如果你想知道食物是否会引起过敏，可以看看具体的配料。

如果你希望别人理解你的代码，就必须自己创建层次，讲清楚系统的故事。同时充分利用架构模式提供的通用名称，如连接器、层等。

分层需要花时间进行调整，才能做到清晰无误。今天你可能只有三个连接器，放在一个文件夹里没问题，但你需要不断调整，否则等出现几十个连接器，还放在一个文件夹里就麻烦了。小洞不补，大洞吃苦。

将注意力集中在源代码上是相对容易的，但系统的运行同样值得关注，还有如何将其分配到硬件和容器里。如果你希望清晰地思考，不妨从多个层次讲故事。

考虑利益相关方及其关心的问题。他们在项目中的角色和职责是什么？他们如何处理信息？他们如何使用你提供的信息？有时，创建受众的移情图（empathy map，详见 14.2 节）是个不错的办法。图 11.2 是一位开发人员的移情图。

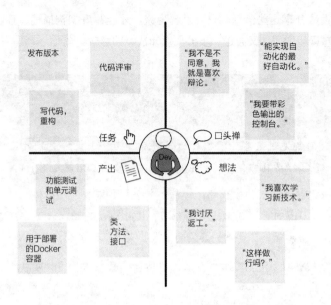

图 11.2　一位开发人员的移情图

从这张移情图中不难看出，这位开发人员需要一份清晰的、有逻辑依据的文档，因为他喜欢就每个决策展开辩论。他对部署感兴趣，并且关注技术细节。

明白受众需要的信息和消化信息方式后，我们来看看如何为他们提供易理解的架构描述。

11.3.1　提高可理解性
Focus on Understandability

写架构描述的目的在于与受众沟通。请使用受众熟悉的领域语言，提高架构描述的可理解性。如果利益相关方总是提到物料主编码（material master number），请尊重他们的习惯，而不要引入新的词汇（比如产品 ID）。

描述复杂、抽象的想法时尤其要小心。尽量使用大白话，避免使用生僻的行话。必要时，可以对架构概念做简单的解释，以确保受众掌握必要的背景知识。沿用利益相关方已经使用的设计术语（除非存在误用）。例如，如果对方习惯使用非功能性需求，那么你就不要使用质量属性。首先保证有效沟通。

　　符号的使用也会影响可理解性。不是所有人都了解设计符号的用法，尤其是 UML 的用法。UML 有几种风格，虽然它可以表现设计构思，但有时并不是那么直观。你可能精通 UML 图表的用法，但并非所有人都对 UML 了如指掌。第 10.2 节提到过，所有图表都应该附上图例，用图例说明符号的意义和元模型。

　　最后，请用标准模板写文档，这样看起来更专业。统一对齐方式，考虑版式在屏幕上显示和打印的效果。漂亮的文档能给读者留下好印象，说明内容是由专业人士创建的，值得信赖。表 11.1 总结了编写文档的注意事项。

表 11.1　编写文档的注意事项

应该	不该
在架构概念初次出现时给出定义	若非必要，不要引入新概念和术语。
使用对方熟悉的领域语言	不要假设每个人都能理解图表和符号的含义。
图表要包含图例。	不使用生僻的行话。
尽可能使用通用模板。	

　　我们已经学习了描述设计决策的方法，以及从受众的角度描述架构。接下来将这两方面结合起来组织架构描述。

11.4　围绕利益相关方关注点组织视图
Organize Views around Stakeholders' Concerns

　　对你正在开发的软件，不同的人有不同的关注点。开发人员希望了解代码结构、部署方式、组件交互方式。测试人员希望了解接口和通信协议。产品负责人希望了解技术依赖和整体进度。新成员可能会被文档淹没，需要帮助才能起步。另外，架构描述至少还应包含设计决策、决策依据和架构结构。

　　这些信息的组织方式很重要。设计以人为本，这条原则既适用于设计本身，也适用于对设计细节的分享。两者同样重要。

从利益相关方的角度出发，组织架构视图和各种设计文档，对方理解架构就会容易得多。我们应该考虑对方想了解什么，然后从这个角度创建架构视图。

11.4.1 建立视点
Establish the Viewpoints

视点（viewpoint）决定了你如何从利益相关方的角度描述架构。视点不仅决定了应该展示哪些视图，也决定了视图的受众，以及视图使用的符号、词汇、规则。ISO/IEC/IEEE 42010:2011 标准对此有详细的阐述。

视点的定义虽然来自传统的架构描述，但其原则适用于我们讨论过的所有架构描述方法。我们来看一个例子。

我们已经在 Lionheart 项目中确定了几个组件，还需要确定这些组件应该部署到什么地方。开发团队需要知道它们的部署位置，并且要告知市政府的 IT 部门监控哪些系统。因此，我们需要建立部署视点。表 11.2 是部署视点中的一个视图。

表 11.2　Lionheart 项目的部署视点的一个视图

组件	部署于
web 界面	在用户浏览器中运行，由展现业务提供服务（通过负载均衡器访问）
展现业务	Linux 虚拟机上的 Tomcat 服务器，由云提供商托管
收藏服务	Linux 虚拟机上的 Tomcat 服务器，由云提供商托管；与展现业务分开部署
搜索服务	与收藏服务使用同一台虚拟机
搜索索引	云服务商提供的 Solr 服务
提醒进程	由云调度程序发起，使用独立容器
爬虫进程	市 IT 部门维护的本地服务器
合同与用户数据	云托管的 Postgres 数据库

部署视点的其他视图将补充组件依赖、第三方软件要求的平台、风险、成本、网络拓扑等信息。视点本身可以由图形视图和文本视图构成。

实际应用中，此示例视图中的信息可以记录在架构决策记录（ADR）里，也可以在架构主旨里总结。对 Lionheart 项目而言，用这种方式记录就足够了。再添加一些注释，就能说明设计的逻辑依据。这样的汇总表将有助于将项目移交给市政府的 IT 部门。在决定如何描述架构时，请务必以受众为中心。

11.4.2　自定义视点
Create Custom Viewpoints

软件行业已经有一些制定好的视点集[5]。我推荐软件工程研究所（Software Engineering Institute，SEI）的超越视图方法、Phillipe Krutchen 的 4+1 视图模型（4+1 View Model）、Rozanksi 和 Woods 的视点与视角（Viewpoints and Perspectives），以及 Simon Brown 的 C4 模型。

视点通常是围绕质量属性组织的。你也可以构建视点来满足特定利益相关方的需求。这里有一些例子：

• 可扩缩性视点、安全性视点、可维护性视点可以展示架构如何满足这些质量属性场景。

• 监管视点可以为关心监管信息的利益相关方提供所需信息，用于审计。

• 指导视点可以让新成员初步熟悉架构和开发方式，让他们在第一天就能提交代码。

• 业务视点可以展示架构的不同部分如何贡献业务价值。

视点在传统架构描述中是必不可少的。我们可以使用部落描述和社区描述将其简化。例如，如果代码库已经有多个 ADR，就可以创建一个视点页面将这些决策的链接汇总起来。

视图帮助我们组织想法，以便有效地共享架构信息。架构描述不仅仅包含视图和设计决策，还应该说明为什么这样决策。

---

[5] http://www.iso-architecture.org/42010/afs/frameworks-table.html

11.5 阐述决策的逻辑依据
Explain the Rationale for Your Decisions

设计的逻辑依据（design rationale）是你做出设计决策的理由，比如为了提升某个质量属性选择某种架构模式，或者为了节省成本选择某种技术。每个决策都有利有弊，设计的逻辑依据说明了我们是如何权衡利弊，最后做出决策的。

后续设计人员越了解决策依据，就越容易接受你的设计意图。其他人越了解决策意图，就越容易在系统的演变过程中维护架构的完整性。

架构描述中的逻辑依据有多种形式，比如文字描述或几条要点。有时候，列出所有淘汰的方案比冗长的解释更有说服力。

11.5.1 描述未选择的道路
Describe the Paths Not Taken

开发软件像一趟旅程。道路蜿蜒曲折，也许有数十条路通往同一目的地。你的每一次决策，都能帮助别人明白为什么要这样设计。有一种描述方式是列出那些被淘汰的方案。我们来回顾一下 Lionheart 项目淘汰的那些方案（见表 11.3）。

表 11.3　Lionheart 项目淘汰的方案

淘汰的选项	依据
一个巨大的 web 应用	无法满足计算密集型操作
用 Java 开发展现业务	团队成员对 Node.js 更熟悉；在客户端和服务器中使用 JavaScript 可以提升可维护性
用 SQL 数据库建立 RFP 索引，搜索服务从数据库中直接读取	无法为利益相关方提供足够直观的查询语法
用 MongoDB 做数据存储	团队成员不具备这方面的能力
为每个服务分配单独的容器	对技术还不熟悉；把所有东西放在一个虚拟机里可以加快交付；条件成熟可以再实现

我们做决策时不是所有人都在场。列出淘汰方案相当于对决策过程进行回放，以便其他人理解我们是怎么走到这里的。如果省略这些信息，就如同看电影只看到了最后五分钟——错过了所有的剧情，也就难以理解角色最后的行为。如果你了解剧情，达斯·维德在《星球大战：绝地归来》结束时的决定就有了更深的含义，否则，你可能会认为他的行为不可理喻。

我们淘汰的想法远远多于留下的。人们可以在眨眼间闪过几十个念头，有些甚至连自己都没有意识到。经团队讨论做出的任何决定都应该正式记录下来。如果你发现自己有强烈的表达愿望，试着将你的想法记录下来，其他人也将从中受益。

11.5.2 动手练习：列出淘汰方案
Get Your Hands Dirty: Describe the Paths Not Taken for a Project

回忆你最近参与的一个项目，写下团队淘汰的架构方案和淘汰原因。如果你忘记了决策依据，想想团队中哪些人可以帮你。可以从以下几个方面考虑：

- 回忆团队开展过的相关讨论。

- 有哪些决策是团队经过争论做出的？

- 有哪些决策是在不确定的情况下做出的？

- 是否有无法回头的决策（决定了就不能更改）？

11.6 Lionheart 项目：目前的进展
Project Lionheart: The Story So Far••• Lionheart

团队在讨论设计时画了图表和草图，效果不错，但是这些东西不能代替正式的架构描述。

由于团队规模较小，而且大家都在一起工作，我决定继续使用草图和系统隐喻，但同时也鼓励大家开始做架构决策记录（ADR）。草图和系统隐喻适合构思和推敲，在讨论设计时用起来很方便。做出决策后，我们会记录成 ADR，以便在团队内部共享，也方便以后的开发人员查阅。

我决定推迟编写正式的架构描述。正式的文档放到项目末期编写可能会容易一些。到那时，很多设计决策已经融入代码，写正式文档就不会出现"一边写一边变"的情况。正式的架构描述的主要受众是将来接手项目的团队，因此有必要在其中建立指导视点、部署视点、可扩展性视点。

11.7 预告
Next Up

架构描述的好坏取决于编写的人。你必须了解受众希望看到哪些内容，从他们的角度组织架构视图。别忘了描述元素及其功能，还有选择它们的原因。另外要选择恰当的描述方法，冗长死板的文档并不是解释设计决策的唯一方法。最重要的是有效地向他人解释架构设计。

描述架构为我们提供了检验系统设计的第一次机会。能够在早期检验架构，这是一件好事情。正如你即将看到的，越早开展架构评估，后续的麻烦就越少。

第 12 章

架构评估
Give the Architecture a Report Card

对学生、家长、老师来说，成绩单是重要的反馈渠道。学生不必等到年底才知道自己的课程是"过了"还是"挂了"——通过每个季度的成绩单，就能判断自己是否获得了理想的成绩，以及哪些地方需要改进。架构评估的作用就像成绩单一样，它让我们尽早发现问题，从而按计划交付系统。

架构评估可以提高开发效率，而不是单纯地占用编程时间。顺利的话，架构评估一小时就可以完成，它很容易融入现有开发流程中，而且不需要团队成员掌握什么新知识。

本章将学习对架构进行评估。评估结果可用于指导团队、为设计决策提供支持、降低交付风险、提高架构设计水平。

12.1 评估得真知
Evaluate to Learn

架构评估（architecture evaluation）让我们了解架构能在多大程度实现目标。人们通常误以为在架构设计的最后阶段做一次检查即可。这种想法是绝对错误的。如果架构设计有问题，那么所有工作都是徒劳，甚至连项目都无法实施。

你不必等到一切都完美了，才开始评估。没有哪个架构是完美的，也没有哪个架构毫无可取之处。就像我们不能从单一视图看整体架构一样，我们也不可能一次完成整个架构的评估。

贯彻架构评估的一种方式是进行正式的签字验收。在组件必须满足严格标准的情况下，这样的签字显得尤为重要。例如，对于需要大量集成或对硬件有较高要求的系统，签字验收可以避免代价高昂的返工。

签字验收非常重要，但架构评估的作用远不止于此。如果只是把架构评估看成是开发流程中的阶段性检查，那真是大材小用了。架构评估是论证架构能否满足利益相关方需求的唯一方法。

架构评估要回答两个问题：架构有多好？好在哪里？为了回答这两个问题，我们需要用到关键架构需求（ASR）。架构越能满足 ASR，就越符合目标要求。

12.2   检验设计
Test the Design

尽早检验，频繁检验。这条原则既适用于代码，也适用于架构。即使在架构设计初期（动手写代码之前），也有值得检验的地方。

架构评估需要做三方面的准备：第一，要有评估对象，即架构的有形呈现；第二，要有评估准则，它反映利益相关方对优劣的看法；第三，制订计划，帮助评估者形成判断，指出架构的可取之处。

12.2.1   准备评估对象
Make Something to Evaluate

有了评估对象才能开展评估。人们习惯评估有形的东西，而不是别人脑袋里的想法。首先要将架构展示出来，比如在白板上画草图，或者提供完整的架构描述。呈现架构的方式很多，例如：写代码；在纸上或白板上画模型草图；用绘图软件画模型；用 PPT 展示架构视图；展示实验结果；使用传统的架构描述（见第 11.2 节）、架构主旨（见第 16.2 节）、架构决策记录（见第 16.1 节）。

用直观的方式呈现架构，可以更好地展示设计思想和设计意图，让大家明白我们准备如何落实关键架构需求（ASR），或者我们已经采用了哪些做法来落实。

想得到什么反馈，就应该准备相应的展示对象。例如：如果你希望评估某个质量属性，就应该展示包含该质量属性的架构视图。如果架构还不成熟，又希望做整体评估，那么可以画粗略的草图，表示设计还没有定型。而评估高风险、高成本的设计方案，最好采用正式的、精确的展示形式，以强调问题的严重性。

Ipek 的建议：连线也是一等公民！
Ipek Ozkaya，卡内基梅隆大学软件工程研究所高级技术员

我的工作是帮助企业提高架构的适用性，因此常常要请对方展示他们的架构。我见过五花八门的展示方式，也总结了最常见的三种问题。

将所有用例按顺序画出来也无法清楚地展示架构！ 尽管收集用例与跟踪用户行为很重要，但是光凭用例的时序图还不足以推演系统行为。

代码评审不能代替架构评估！ 系统架构要满足业务目标和客户的需求。写出能够正常运转的代码是最基本的要求。架构评估要考虑关键架构需求与众多元素的关系，传统的代码评审达不到这个要求。

方框不是唯一的架构元素！ 如果团队已经有了设计产物（通常是软件架构文档，其中包含临时的框线图），这是一个很好的开始。但我们往往画了许多方框，而忽略了中间的连线。这是不对的，因为这些连线代表着最关键的架构决策。

在这三种问题中，我认为最重要的是理解架构图中连线的作用。想想看，如果想提高性能，那么你要关注元素间通信的频率和数据量。如果你想提高可修改性，则要限制元素之间的交互。如果希望提高安全性，则要保护元素间的关系。所有这些都是用连线表示的！

许多架构决策是用那些细细的连线表现的。既然如此多的架构决策是由元素之间的关系决定的，那么我的首要建议是理解元素之间的关系，将这些连线视为一等公民！

12.2.2 定义评估准则
Define a Design Rubric

架构的优劣有时不是那么明显。一个人眼里的杰作，在另一人看来也许是糟粕。因此需要建立评估准则，用各种指标判断架构的适用性。

评估准则包含两个部分：指标（criteria）是指待评估的架构属性；评分（rating）是对指标的打分。

在 Lionheart 项目里，我们用质量属性场景作为指标（见图 12.1）。评估者根据表格下方的评分标准打分。

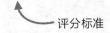

质量属性	场景	评分（1-4）
可用性	索引失效时，系统依然可以响应。	
可用性	除非系统维护，否则必须100%返回查询结果。	
性能	在平均负载下，5秒内应该看到结果。	
可扩展性	系统在未来7年内可支撑年均5%数据量增长。	

评分标准
1. 没有达到预期或无法评估；
2. 部分满足场景需求，或能满足但存在不能接受的风险、技术债务、成本；
3. 满足场景需求，风险、技术债务、成本都在可接受范围内；
4. 满足场景需求，没有风险和技术债务（或极低），成本未超预算。

评分标准

图 12.1 Lionheart 质量属性评分表

根据关键架构需求选择指标

关键架构需求从利益相关方的角度定义了系统目标。第 5 章曾学习列举关键架构需求，用于分析和评估。只要能准确、清晰地给出可度量的关键架构需求，就不难选择评估指标。合格的指标应该满足以下条件：

举足轻重、不可或缺。评估指标与关键架构需求有关，它体现了我们认为的好架构应该是什么样子。指标不应该包含锦上添花的东西，也不应该包含一些无关紧要的、对满足系统目标没有帮助的细节。

互不重叠。指标应该相互独立，每项指标都体现架构设计在某一方面的适用性。理想情况下，每项指标都应该可以独立进行评估和打分。

易观察、可衡量。评估者必须能够对指标进行评估与打分。为了便于观察，应该采用恰当的形式将架构展示出来。评估过程应该收集数据，用于衡量指标。

准确不模糊。所有评估者都能够正确理解指标。

质量属性场景完全满足这些条件，可以作为评估指标。

选择评分标准

评估过程中，评估者用统一的评分标准为指标打分。评分标准包含评分等级。评分等级的多少由评估目标决定。表 12.1 列举了一些评分标准及适用场景。

表 12.1　评分标准示例

评分等级	示例	适用场景
两级	是/否 满足条件/不满足条件	针对单一条件、标准、对象，要么接受，要么否定；适用于单个或少数评估者。
三级	未通过/通过/极佳 从不/有时/总是 较低/可接受/较高	评估条件存在最低门槛，同时也有最高的理想状态；适用于多位评估者。
四级	从不/有时/经常/总是 未通过/勉强通过/通过/优秀	希望获得更详细的反馈，体现细微差别。
五级及以上	用相应数字表示（如 1~5）	尽量避免使用这种方式。等级过多效果反而不佳。

图 12.1 选用的是四级评分标准。评估者将基于该标准对指标进行评分，然后我们对评分结果取平均值。注意，如果有人给某项指标打了 1 分——即使该指标的平均分在可接受范围内，也应该引起重视。

上面这个例子展示了评分标准的作用，但没有解释评估者是怎么打出分数的。用合适的方法引导评估者打分也很重要。

现在我们将架构展示出来了，也有了评分标准。最后一步是帮助评估者形成判断，进行评分。

12.2.3　形成判断
Generate Insights

评估准则包含要回答的问题（见图 12.2）。如果我们能帮评估者形成判断（设计在多大程度上满足关键架构需求），就能找到问题的答案。

图 12.2　架构评估的核心步骤

形成判断的方法很多，如问卷调查、定向探索、风险收集、代码分析等。选择哪种方法要由回答问题所需的信息决定。表 12.2 提供了一些参考示例。

表 12.2 评估指标与适用方法

评估指标	适用方法
风险数量	使用"风险风暴"方法（参见第 17.6 节）或通过常见的风险收集研讨会识别风险；检查已确定的风险的数量和严重性。
不确定的问题数量	用"问题-评论-关注事项"方法（见第 17.5 节）提出开放性问题；检查开放性问题的数量，评估回答的难度。
大家对某一问题的态度	投票、调查、打分。
设计完成时间	列出已知组件及当前设计状态；估计剩余工作量，规定完成期限。
设计适用性	质量属性场景排查（参见第 17.8 节），识别敏感点、问题领域、风险和问题。
技术债务	列出在当前架构下无法实现的有价值的用例；估计实现这些用例要付出的架构改造成本。
质量	统计架构组件的缺陷数量，规定高质量和低质量的标准。

架构评估的大部分时间都花在了形成判断上。这种判断通常是在架构评估研讨会上通过协作产生的，因此我们有必要了解如何举办架构评估研讨会。

12.2.4 动手练习：提出七个问题
Get Your Hands Dirty: Ask Seven Good Questions

评估者想提出正确问题，需要多练习。针对你最近参与项目的架构，至少写出七个你还不知道答案的问题。为什么是七个？因为我希望你尽可能地发现其他人没想到的问题。可以从以下几个方面考虑：

• 尽量详细具体。宽泛的问题只能形成一般的判断。问题越具体，你的判断就越具有可操作性。

• 架构中的关系，你知道哪些？不知道哪些？

• 是否存在针对模块、组件连接器、分配结构的视图？

• 有哪些地方让你担心？直觉往往能反映真正的风险。

12.3　举办评估研讨会
Host an Evaluation Workshop

架构评估研讨会的目标是收集与分析评估架构所需的数据。研讨会结束时，我们应该能够确定架构能在多大程度上满足既定质量属性和其他关键架构需求。

虽然评估研讨会的形式多样，但它们都遵循相同的流程：

1. 准备工作：设法将架构设计呈现出来；制定评估准则；选择收集数据的方法；邀请评估者。

2. 帮评估者做好准备：向评估者展示架构设计，说明评估准则；阐述评估目标，回答评估者的问题。在开始评估之前，评估者应当充分理解架构设计、评估准则和评估的目标。

3. 评估：引导评估者通过一系列活动研究架构设计，形成判断，给指标打分。活动既可以合作开展，也可以是独立进行。

4. 分析与结论：收集评估者反馈的数据（评分）；汇总结果，给出结论。

5. 后续行动：根据研讨会的发现，决定下一步的行动。

下面逐一讲解以上步骤。

12.3.1　准备工作
Prepare for the Evaluation

首先要定义评估目标，然后围绕这一目标设法将架构设计展示出来。表 12.3 列举了常见的评估目标和展示内容。

除此之外，还要制定评估准则，搜集评分所需的数据。另外，别忘了制定研讨会议程和准备相关资料。

选择评估者要兼顾利益相关方与非利益相关方。评估者应当关心系统，同时擅长发现细节问题。理想的人选应该精通行业知识和领域知识，或者对采用的技术、模式有专业见解。架构评估至少需要两位评估者。如有必要，最多可以邀请几十位评估者。

表 12.3　常见的评估目标与展示内容

评估目标	展示内容
特定质量属性的实现方式	有关的质量属性视图、测试结果、用例、质量属性场景。
技术或模式的选择	相应的技术和模式、实验方法、实验结果、质量属性场景。
满足成本要求或进度目标的可能性	组件及估计的开发成本和时间、技术依赖、团队能力。
设计的演变路径	当前架构和目标架构、演变步骤。
架构描述的完整性或正确性	架构描述、文档质量检查清单。
安全性	滥用案例、误用案例、威胁模型、数据存储、识别敏感点和攻击向量所需的视图。
发布就绪程度	质量属性场景、相关视图、发布清单、测试结果。

邀请完评估者后，我们要帮他们做好评估准备。

12.3.2　帮评估者做好准备
Prime the Reviewers

评估者应该掌握必要的信息，以便做出高质量的评估。这些信息包括：项目背景、关键架构需求、待评估的架构设计等。你要回答评估者就项目背景、评估准则、评估目标提出的问题。

准备好白板。如果时间允许，不妨在研讨会开始时当着大家的面把架构设计思路画出来，同时介绍项目背景。

帮评估者做好这些准备后，就可以开始正式评估了。

12.3.3 评估
Facilitate the Assessment

在这个阶段，应该通过一系列活动引导评估者，帮助他们发现设计缺陷和潜在风险，从而形成判断。有许多方法可以帮助大家形成判断。这里我们先举几个例子，更详细的介绍请参考第 17 章。

- 场景排查（见第 17.8 节）是最常用的方法，也是最基本、最可靠的架构评估方法。

- "问题-评论-关注事项"（见第 17.5 节）是一种可视化的头脑风暴方法，可以帮助评估者迅速了解架构信息，发现疑点。

- 风险风暴（见第 17.6 节）也是一种可视化的头脑风暴方法，常用于发现系统特定视图中存在的风险。

- 绘制草图做比较（见第 17.9 节）可以用来比较不同方案的优劣（如比较提升同一质量属性的多种方案）。

- 代码评审（见第 17.2 节）不太容易发现架构的问题，但它可以识别代码与架构不一致的地方。代码评审也常常用来检查代码中的静态结构。

- 如果已经有了架构决策记录（见第 16.1 节），那么可以借助它回顾设计决策并确定这些决策是否仍然有效。架构决策记录也可以用来评估适用性。

根据评估目标、评估时间，以及利益相关方对架构评估的熟练程度来选择评估方法。经验丰富的小团队（约三四个人）能够在 60 分钟内借助"问题-评论-关注事项"方法做出有效的判断。而缺少经验的团队可能要先花时间回顾质量属性场景和设计决策，才能取得较好的效果。

我们希望通过评估研讨会判断架构是否满足指标，但这不是研讨会的唯一目标。除了得出架构是否合格的结论，我们还希望了解如何改进架构设计。

12.3.4 分析与结论
Analyze Data and Reach Conclusions

无论评估使用什么指标，都需要得出清晰、明确的结论。架构评估的结论不应该是简单的"通过"和"没通过"。结论应该清晰表述架构满足指标的程度，同时提出改进架构的建议。除了判断架构是否满足要求，还应该分析架构为什么不满足要求，以及如何改进。

通过评估发现风险，找出架构设计可能引发的问题。把研讨会收集的数据共享给大家，请大家寻找规律。让大家就存在疑问的地方自由提问。通过开放性的提问环节找出大家对架构理解的差异。

得出结论后，还要决定接下来做什么。

12.3.5　后续行动
Decide on Follow-up Actions

想解决评估过程中提出的所有风险和问题是不现实的，我们也没有足够的时间这么做。给问题排定优先级，把亟待解决的问题和值得研究但不紧急的问题区分开。可以指定一个人决定针对高优先级高的问题接下来应该做什么。

评估研讨会结束后，应该总结并记录发现的问题及后续行动计划，然后共享给所有人。小型研讨会可以群发邮件，写明后续行动要点；大型研讨会可以撰写一份简要的报告，并附上原始会议记录的链接。

总结报告向利益相关方展示了会议成果，可以作为架构设计进展的标志。总结报告对未来接手系统的架构师和其他人来说都有很高的借鉴价值。

黄金法则：架构权衡分析方法（ATAM）

架构权衡分析方法（architecture trade-off analysis method, ATAM）是迄今为止最系统、最全面的评估方法之一。《ATAM: Method for Architecture Evaluation》和《软件构架实践》两本书对此有详细论述。本章介绍的评估研讨会就是在 ATAM 的基础上简化而来的。如果你从未举办过评估研讨会，不妨买一本书作为参考。

ATAM 要求参与者具有较高的素质和丰富的经验，而且持续时间长达数日甚至数周。它适合用来设计导弹制导和自动驾驶这样复杂的系统。普通的软件系统采用本章介绍的方法就足够了。

12.4 尽早评估，反复评估，持续评估
Evaluate Early, Evaluate Often, Evaluate Continuously

开发团队最容易犯的错误是不开展架构评估，或者开展得太晚。越早评估，越容易发现问题并加以改进。把架构评估作为日常开发的常规环节效果会更好。

我们每天都有机会确认（或修正）设计决策。比如，给别人讲解架构如何提升质量属性时就是排查架构的绝佳机会；结对编程以及提交代码给同事审核时也是评估架构的好时机。

12.4.1 用评估金字塔平衡成本与价值
Balance Cost and Value with the Evaluation Pyramid

Mike Cohn 曾提出测试金字塔（test pyramid）的概念。他发现不同类型的测试适合发现不同的 bug。有些测试容易创建和维护（主要是单元测试），但这类测试无法捕捉所有 bug，所以还需要补充一些复杂的、运行较慢的集成测试。

评估金字塔（evaluation pyramid）有着相似的原理。大部分架构评估都能快速完成。对于快速评估无法发现的问题，可以补充少量深度评估。除了快速评估和深度评估，还可以采用定向评估（见图 12.3）。

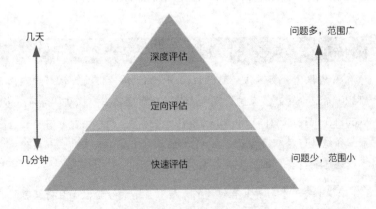

图 12.3 评估金字塔

一般的系统大约需要开展一两次深度评估、几十次定向评估、几百次快速评估。深度评估可以视为系统生命周期的重大里程碑。定向评估可以定期开展，平均两到四周举行一次。快速评估则应该作为开发流程的一部分，每天开展一次（或多次）。

表 12.4 列出了三类评估的作用和区别。

表 12.4 三类评估的作用和区别

评估类型	开展次数	描述	采用方法
深度评估	一到三次	考虑整个系统以及几项关键架构需求之间的相互影响。	架构权衡分析方法
定向评估	几十次	考虑单一的决策、组件、关键架构需求。	风险风暴、问题-评论-关注事项、架构简报
快速评估	几百次	考虑零碎的设计决策，通常用于加强理解或评估细节。	代码评审、故事叙述、白板涂鸦、合理性检查

仅仅做到持续评估还不够，我们还要熟悉常见的架构问题类型，确保评估覆盖所有范围。

12.4.2 发现各种类型的问题
Look for Different Kinds of Issues

为了教儿子多吃蔬菜水果，我常对他说要"吃掉彩虹"。蔬菜水果颜色各异，它们含有不同的维生素和矿物质。吃下各种颜色的蔬菜水果，他才能获得身体所需的营养。对架构来说，道理也是一样的。

本章和第 17 章介绍的方法可以用来发现不同类型的架构问题。我对常见的架构问题进行了分类，用彩虹的形式表现出来（见图 12.3）。

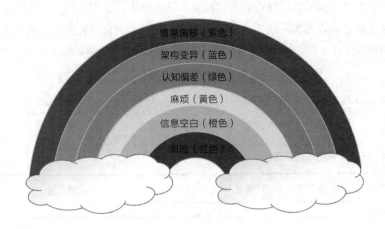

图 12.3　架构问题彩虹

我们来看看每一类问题具体指什么。

风险　风险是未来可能发生的糟糕的事情。描述风险需要两个部分：条件和后果。条件是当前的实际情况，后果是由条件引发的、将来可能出现的不良状况。我们要么选择降低风险，要么接受它。

信息空白　有时，我们缺少足够的信息判断架构是否满足关键架构需求。询问系统如何运转以及如何满足特定的架构需求，有助于发现信息空白，进而采取措施。从未发现的信息空白称为盲点。盲点的存在对架构来说是巨大的威胁。信息空白需要做进一步的调查和研究。

麻烦　和风险不同，麻烦是已经出现的问题。你制定了设计决策，但事情并没有按你期待的那样发展，就有麻烦了。有时，因为情况发生了变化，上一刻的明智之举在下一刻变得不合适了，这也是麻烦产生的原因。如果麻烦已经存在于代码里，我们称之为技术债务。我们要么选择解决麻烦，要么接受它。

认知偏差　你说往左，团队却以为要往右，这就是认知偏差。如果有人对架构的理解与当前的设计决策不相符，就出现了认知偏差。认知偏差尤其容易出现在架构频繁演变的系统中。认知偏差可以通过沟通、指导解决。

架构变异　实现系统几乎不会按照我们预想的方式出现。理想中的架构与最终实现的架构之间的差异，称为架构变异，也叫架构偏移（architectural drift）或架构腐烂（architectural rot）。如果不保持警惕，架构每天都可能偏离既定设计，等到完成那天，你会发现它和原来的计划大相径庭。定期检查代码和文档，可以解决架构变异的问题。

情境偏移　世界无时无刻不在发生变化。开发过程中，新情况、新条件不断涌现。原来的决策有可能变得不合适了。也许我们刚做完设计决策，业务情境就发生了变化——这就是情境偏移（contextual drift）。不定期地回顾业务目标、关键架构需求、利益相关方提供的材料可以避免情境偏移。

经验不足的架构师往往只对某一类问题敏感。如果你想改善架构评估的效果，有一个简单的方法，那就是多问一些之前没有问过的问题。试着提出不同类型问题，你才能知道自己有多么"无知"。

12.4.3　从仪式感弱的评估方法开始
Start with Low Ceremony Evaluation Methods

方法的仪式感指的是运用它所包含的正式手续的数量。仪式感强的方法有很多约束，成本高，但其可复用性好，可以保证较好的效果。而仪式感弱的方法不拘小节，规矩少，易于上手，使用成本低，缺点是使用范围窄，难以保证效果。

如果团队刚开始做架构评估，采用 ATAM 这种仪式感强的方法可能导致大家产生畏难情绪。因此，刚开始时可以从仪式感弱的方法开始，你甚至没必要告诉团队我们正在做架构评估。

我举一个例子。做完白板涂鸦（见第 15.9 节）后，把大家把留下一起做评估。你先起个头："看起来我们的进展很不错。大家看看还有什么办法可以提升这个质量属性？"把大家的发言记到白板上。跟大家一起总结新的发现，然后确定下一步的行动。这样不到十分钟时间，就能完成一次临时的架构评估。

仪式感弱的评估方法可以引发大家对架构的思考，同时树立质疑设计决策的团队文化。等团队适应后，可以逐步引入定向评估，最终进入深度评估。

12.5　Lionheart 项目：目前的进展
Project Lionheart: The Story So Far…

项目已经开展两个月了，成果颇丰。我们有了产品待办列表，举办了架构研讨会，完成了几次开发迭代。我们一直在做持续集成，完成了几个有价值的用户故事，做了第一次内部发布。我们在办公室的白板上画了架构草图，几个重要的设计决策也被记录到了架构决策记录（ADR）里。现在可以根据掌握的情况重新审视原来的设计了。

在新一轮迭代中，我举办了一场"问题-评论-关注事项"研讨会。会议开始时，我回顾了最重要的五个质量属性场景。接着，我请大家画出与质量属性相关的架构视图。然后，我们对每个场景进行排查，让大家把意见写在便利贴上，贴在白板上，借此总结问题、评论、关注事项。50 分钟后，我们找出了一长串需要关注的问题。

最后，我和团队一起讨论了下一步的行动。我们用了 10 分钟针对重要问题制定了行动计划，包括代码重构（纠正偏离设计的部分）和做试验（确认是否可以在不停机的情况下实施分阶段部署）。

我决定在下一次迭代时，再开展一次同样的评估研讨会。现在我们每天都讨论架构设计问题，大家都同意我们应该把这项活动坚持下去。

12.6　预告
Next Up

架构是团队文化的有机组成部分。糟糕的架构会让人痛苦不堪。架构评估能帮助我们理解如何改善架构设计。

下一章将把前面所学的知识结合起来，挖掘开发团队的潜能。

第 13 章

鼓励团队参与架构设计
Empower the Architects on Your Team

开发现代软件系统需要借助团队的力量。科技进步（容器技术、云设施等）赋予了开发者更大的灵活性和权力。随之而来的新架构模式（微服务、FaaS 等）则对开发人员提出了更高的要求。他们必须清楚自己的决策会对包括质量属性在内的系统特性造成什么样的影响。

在现代软件开发中，开发人员与架构师的角色几乎没有差别。这并不是说现代软件开发团队不需要架构师，而是说我们需要的不再是那种传统的、居高临下的技术领导者。

今天的架构师应该与团队一起设计架构，而不是独自为团队设计架构。架构师应该既是技术专家，也是教练和导师。本书前两部分讲解了架构设计的核心原则和方法。现在，你要学习让团队与你一起成长，共同设计出色的软件架构。

13.1　提倡架构师思维
Promote Architectural Thinking

开发人员普遍具有架构师思维的团队更容易打造出色的软件。这样的团队将具有更高的探索效率和开发质量，因为大家都有能力对设计决策做出有效评估。

编写文档也变得更加容易，简明扼要地描述就能让团队成员看懂。

让所有团队成员参与设计架构，大家就会产生对系统的责任感——系统会变成"我们的系统"，而不仅仅是"这个系统"。有了这种共同的责任感以及对设计意图的理解，当系统发生变更时，修改过程会变得容易得多。更少的返工、更好的质量、更有效的沟通将带来更快的开发速度。

责任感的增强将带来更大的满足感，这反过来又会进一步增强团队的参与度。大家共同参与架构设计能产生 1+1>2 的效果，从而开发出更优秀的软件。

在鼓励团队参与设计的同时，还要传授设计技能，这样大家才能在实践中磨炼成长。既要给大家试错的机会，也要保证架构设计准确无误，这样才能确保交付有价值的软件。

为团队提供恰到好处的指导，既确保大家走在正确的道路上，也免得架构师自己检查每一项设计决策。传授技能、增强互信，不断学习和改进。此外，架构师要比团队成员多看一步、先行一步，带领大家避开陷阱与误区。

程序员每天都要做架构决策

十几年前，我读到一个"恐怖故事"：一位程序员只用了一行代码，就把东海岸所有人的电话设置成了关机状态。我对同事说："这绝不可能发生在我们身上！"然后哈哈大笑。多年后，这种事发生在了我身上。

你不需要去翻阅案例研究报告，只要和身边搞开发的同事随便聊聊，会发现这样的事件比比皆是。一个大学项目的开发人员意外地在亚马逊网络服务（Amazon Web Services）上花费了两万多美元；一位开发者花了一整个周末恢复几 TB 的数据，起因只是一个脚本没有正常运行；而我用一行代码把一百多位开发人员共用的服务器集群搞死机了。

程序员每天都要做一些和架构相关的决策。如果一行代码就能影响系统的某个质量属性，那么你就是一名架构师了（不管你承不承认）。

13.2　传授技能，辅助决策
Facilitate Decision Making and Foster Skills Growth

　　为了让团队对系统形成共同的责任感，架构师必须向团队成员提供充分的支持。他应该向团队成员传授知识与技能，以便他们自己做出设计决策。架构师应该成为教练和导师，而不是制定所有设计决策的权威。如果可能的话，架构师应该尽可能让团队自己做决策，而不是亲自动手。表 13.1 对比了二流架构师与优秀架构师的区别。

表 13.1　二流架构师与优秀架构师的区别

二流软件架构师	优秀软件架构师
独自选择架构模式和技术。	与团队成员一起选择架构模式和技术。
撰写详细的设计文档，公布后不允许修改。	设计文档模板给团队使用，与团队一起起草、评审文档。
所有设计决策都由他制定或批准。	传授决策方法，指导设计，让大家共同决策，及时评审，提供反馈。
为团队成员指定工作任务。	帮助团队自己组织工作、划分任务。
害怕架构出现变化。	接受变化，让架构易于调整。
技术决策由他一人说了算。	让大家就技术决策达成共识。

13.3　为团队创造实践机会
Create Opportunities for Safe Practice

　　我们希望赋予团队更多的设计权力，但这需要团队先做好准备。只有通过实践，团队成员才能得到锻炼、获得经验。可是交付时间步步逼近，要从紧张的开发工作中抽出时间做培训可不容易。这里我介绍几个方法。

13.3.1　结对设计
Pair Design

结对是最简单、最安全的练习设计的方法，比如你可以邀请一位同事和你一起做设计。如果你想理解某个模型，也可以邀请一位同事做白板涂鸦（见第 15.9 节）。在与利益相关方讨论质量属性时，也可以带上一位同事。在团队评审一份决策文档之前，你最好先找一位团队成员一起看一遍。

13.3.2　搭建支架
Create Scaffolding

在教育理论中，支架式教学（instructional scaffolding）是指教师设法为学生提供的支持，帮助学生顺利学习新知识。我们在学校里都体验过支架方法，比如详细批改的试卷和作业、老师制作的辅导讲义、家庭作业模板等。向团队传授架构知识时，我们也可以采用相似的方法。

- 为常见的设计任务建立模板。

- 在代码评审中给出建设性的意见。

- 为新组件搭好代码框架。代码框架应当能提纲挈领地描绘采用的模式，同时仍然需要向其中填充内容。建议你与同事结对搭建代码框架。

- 对设计任务设定期望，并举例解释什么是好的设计，什么是糟糕的设计。

- 为各种思维模式和设计任务建立检查清单，帮助团队成员建立架构思维。

13.3.3　引入架构导轨
Introduce Architectural Guide Rails

架构导轨可以约束设计选项，从而确保细节设计不会大幅偏离既定架构。架构导轨既可以用来简化设计（见第 5.1 节），也可以为团队创造安全的实践机会。架构导轨降低了破坏架构的可能性。

架构导轨有很多种形式，作用各不相同。设计方针（design policy）就是一种简单的架构导轨，它规定了该做哪些事，不该做哪些事。在安排团队做设计时，可以给出临时的设计方针。如果要降低风险、提升质量或克服团队的弱点，则可以设立正式的设计方针。

另一种常用的架构导轨是要求使用指定库，这种方法能够降低开发难度，同时避免犯一些低级错误。最严格的架构导轨是融入代码的约束（见第 8.3 节），在这种情况下开发人员是很难再犯错的。

13.3.4　举办交流会
Host Information Sessions

如果团队对架构十分着迷，那么不妨举办几场交流会（information session）就具体话题展开探讨。交流会时间不必很长，见缝插针地开几次短会跟开长会的效果一样好。为了提高交流效率，应该提前把讨论涉及的知识点传授给大家，避免出现临阵磨枪的现象。

随着团队成员逐渐成熟，他们会更频繁地发表意见。这是好事，应该鼓励大家这样做。团队成员愿意分享改善架构的建议，说明你的付出有了回报。这时你可以考虑让他们承担更多的设计任务了。

13.4　设计下放
Delegate Design Authority

随着越来越多的团队成员参与架构设计，必须决定下放（或保留）多少设计权限。我们希望尽可能多地下放设计，当然前提是确保架构与核心质量属性不受影响。在《管理 3.0：培养和提升敏捷领导力》一书中，Jurgen Appelo 提出了七级权限。我们可以借助这七级权限决定如何下放设计。

第一级：告知。由你做设计决策，告诉团队结果。通常需要展示你的设计。

第二级：贯彻。由你做设计决策，然后向团队说明这样设计的理由。

第三级：咨询。在做设计决策前咨询团队的意见，但最终还是由你做决策。

第四级：商定。与团队合作，就设计决策建立共识。大家有平等的话语权。

第五级：建议。通过观点、见解影响团队，但是由团队其他成员做设计决策。

第六级：审查。由团队做决策，请他们解释为什么这样设计。

第七级：委托。委托另一位成员做决策，由他对结果负全责。你作为辅助成员，帮助团队收集信息。

下放多少设计权限要视具体情况而定。恰当地下放权限能增强团队信心、活跃开发氛围、提高敏捷性。下放的权限太少可能会破坏团队信任，让团队成员觉得束手束脚；下放的权限太多则可能造成团队焦虑，设计结果也难以令人满意。

在带领缺少经验的团队时，千万不要下放过多的权限。这样做很可能会破坏团队信任、造成严重的返工。更糟糕的是，如果你没能及时发现其中的问题，有可能造成无法挽回的损失。

下放设计权限不存在标准的做法，你只能通过尝试找到适合自己团队的运作方式。检验下放权限是否合适最简单的方式是多与团队成员交流，了解大家的意见。

13.4.1　何时保留设计权限
When to Keep Design Authority

如果你觉得项目风险高，那么在权限下放上还是保守些比较好。带领经验不足的团队时，建议只采用前三级权限。经检验，这是一种比较可靠的做法。遗憾的是，前三级权限在增强团队信心，活跃开发氛围，提高敏捷性方面作用有限。

在设计架构的同时提高团队能力是架构师面临的最大挑战之一。也许你觉得这样做还不如自己设计架构来得轻松。从短期来看，这样想有道理。但从长远看，这会造成团队成员无法成长。如果团队里只有你一个人能设计架构，那么你的知识、能力、精力将会成为整个团队的瓶颈。

如果你仍有疑虑，可以先保留设计权限，等到合适的时机再下放权限。

帕特里克的看法：作为技术主管的架构师
Patrick Kua，ThoughtWorks 首席技术顾问

架构师身上的担子很重。他要降低技术风险，要设法应对未来的变化，还要确保提升既定的系统质量属性。仅仅做到这些还不够，他还必须像一位技术主管那样思考和工作。

优秀的架构师不能只靠自己做决策。技术发展日新月异，架构师不可能熟悉所有的工具和技术细节，所以他应该善于利用团队的智慧和经验。作为技术主管的架构师要为团队树立技术愿景，提高团队的开发效率和团队成员的能力。

如果用团队的决策质量衡量架构师的工作成果，那么架构师也应当致力于帮助开发人员做出更好的决策。毕竟，每一行代码都代表一种选择，而每一种选择都是一个决策。架构师可以通过指明约束条件或者与团队共同确定架构原则来提高开发人员的决策质量。

无论是树立技术愿景、指明约束，还是共同确定架构原则，都需要架构师具备一种非技术能力。这种能力常被称为软技能（soft skill），它往往是最难学到的。成为出色的架构师，你必须掌握一些沟通技巧，比如用非技术性术语解释技术理念、借助图表和模型建立共识、用故事激励团队成员，等等。此外，还要学会倾听同事的意见和观点。倾听不但能增加你的知识储备，还能提高对方对技术愿景的认同感。

有一类架构师，他们独来独往，只想研究专业技术，不希望别人干涉自己的架构设计——这些人应该回到象牙塔里去。如果你不想成为这样的架构师，就必须提升自己的技术管理能力，加强自己与团队的合作与联系。

13.4.2 何时下放设计权限
When to Give Away Design Authority

如果团队具备了一定的经验，那么可以找机会咨询大家的意见，一起制定决策，或者干脆让团队做决策（你只分享建议）。对那些与团队日常工作息息相关或存在争议的设计决策而言，下放设计权限尤为重要。

随着团队逐渐加深对架构的理解，你管理团队的信心也会与日俱增。这时就可以开展设计研讨会了。你可以在后四级权限里挑选你认为最合适的方式来开展研讨会。把更多的设计权限下放给团队，你将逐渐从架构的设计者变成架构设计的促进者。

第三部分介绍的许多方法都可以用来让团队参与设计，这里举几个例子：

• 向团队讲述架构故事，鼓励团队成员一起讲述与架构有关的故事（见第 15.1 节和第 16.10 节）。

• 开展研讨会，鼓励团队成员参与架构设计（见第 9 章、第 17.5 节、第 17.6 节、第 17.8 节）。

• 检查团队的参与程度，了解进展（见第 17.1 节、第 17.7 节）。

• 如果有好的案例，可以把制作文档的任务下放给团队。可以委托团队制作与评审的文档包括架构决策记录（见第 16.1 节）、架构主旨（见第 16.2 节）、启动计划书（见第 16.5 节）。

13.4.3 动手练习：授权扑克
Get Your Hands Dirty: Delegation Poker

在《Managing for Happiness: Games, Tools, and Practices to Motivate Any Team》一书中，Jurgen Appelo 介绍了一个叫授权扑克的游戏，这个游戏可以和团队一起玩，用来练习选择权限等级。你可以在 Management 3.0 的网站上购买扑克、下载游戏规则[1]。

和团队一起玩这个游戏时，请注意以下几个方面：

• 游戏开始前，每位玩家应当就自己认可的授权内容和授权范围写一些简单的例子。每位玩家至少应该提供一个例子。

• 可以用本书第二部分的章节内容作为引导主题。团队成员是否对自己的能力有信心？

• 团队成员对拥有哪些决策权感到不舒服？为什么？

---

[1] https://management30.com/product/delegation-poker

• 给予团队更多设计权后，哪些方面获益最大？你该如何帮助团队为新责任做准备？

13.5　共同设计架构
Design Architecture Together

第 1.4 节曾提到出色的软件架构可以提高团队开发能力。请注意，提高团队开发能力的是架构，而不是架构师。架构师的责任是指导团队设计出色的架构，让大家从中获益。第 1.1 节曾介绍架构师要做什么，就是告诉大家如何完成这项任务。本书前两部分都在围绕这个主题进行阐述。

现在，让我们结合新学的知识，重新回顾架构师的主要职责：

从工程角度定义问题。架构师要负责定义关键架构需求，特别是质量属性。我建议采用以人为本的设计方法收集需求，避免与利益相关方的真实需求脱节。

分解系统，分配职责。架构师要引导团队识别有利于提升既定质量属性的模式。我建议只做够用的架构设计，确保实现关键的质量属性，而把其他决策留给后续设计人员。

关注大局，保证全局设计的一致性。架构师要从全局的角度把握架构设计，同时带领团队完成系统开发。我建议建立精确的架构模型（记录架构决策），同时使用简单的文档。架构模型可以用来推演系统、评估决策、识别风险，帮助我们实现业务目标。

在质量属性之间做出取舍。放弃一些东西换取其他东西在软件开发中很常见。架构师要找出备选方案，与各方一起协商如何取舍最合理。我建议借助风险决定设计决策和内容。

管理技术债务。架构师要识别技术债务，制定偿还策略。我建议将技术债务看成软件系统不可避免的副产品，需要在整个系统生命周期中有策略地加以管理。

提升团队的架构技能。架构师要提高团队的架构设计能力（包括理解、探索、展示、评估架构的能力），让大家对系统形成共同的责任感。我建议与团队一起设计架构，而不是为团队设计架构。

对大多数团队而言，编程是相对容易的任务。最困难的是理解问题并从系统的角度解决问题。团队对架构的理解越深刻，就越容易解决开发中遇到的问题。与团队一起设计架构能够加深这种理解。

13.6 Lionheart 项目：大结局
Project Lionheart: The Epic Conclusion

云顿市长非常高兴。尽管项目需求多次发生变更，我们还是在既定计划几周后完成了项目。我们实现了所有高优先级的质量属性。除了在正式发布前做负载测试时出了点小问题，其他一切顺利。

我们一开始就从风险最高的地方入手，共同设计了够用的架构，这个做法看起来非常奏效。团队一致认为这个架构为项目打下了坚实的基础。我们选用的大部分框架和技术都是团队成员熟悉的。我们也遇到过一些麻烦，比如在两个 web 服务上发现了问题。好在发现得早，有足够的时间推倒重来。项目最后几次迭代压力比较大，不过都在可接受范围之内。

我们还为接手系统的政府 IT 部门编写了维护文档，包括项目收官文档（mothball document）、用户手册、架构视图。在项目开发期间，我们始终没有编写正式的架构描述。原来的临时文档有 50% 的内容需要修正，不过为了记录历史，这些文档都会保留下来。新的维护文档将帮助后续开发者快速掌握系统架构。

据市长办公室估算，我们开发的系统可以为市政府省下一大笔开支，第一年就可以节省近一百万美元。看到自己的工作能够帮助客户实现目标，我们感到非常欣慰。

13.7 预告
Next Up

架构师是技术领导者，但不应该自己设计架构的所有细节。架构师应该带领团队一起成长，为大家创造实践机会，提高团队的架构技能，通过与大家合作来影响架构设计。要知道团队成长的重要性并不亚于做出正确的设计决策。

本书前两部分介绍了软件架构设计的核心原则与方法。掌握这些内容，你将成为一名合格的架构师。但是，如果你希望成为一名出色的架构师，只满足于这些知识是远远不够的。你还需要不断深入学习与这些原则、方法有关的内容。请一直保持探索、学习的好习惯。

接下来，请把你学到的知识运用到你的项目中去！为了帮助你成长为出色的架构师，本书第三部分按照四种思维模式介绍了一系列的设计方法。我称之为架构师的工具箱。

世上没有万能钥匙，但每位架构师都应该有自己的工具箱。把这些工具恰当地组合起来，你就有可能极大地提高系统的开发效率与稳定性。希望你能从这本书里找到有用的工具。

今天的软件设计方法与十年前的大相径庭。十年后的软件设计方法也将与现在的完全不同。未来等着我们去塑造。别担心，这很有趣，我们一定会开发出许多出色的系统。

第三部分

架构师的工具箱

Part III The Architect's Toolbox

> 每位架构师都应该有一套自己的方法，用来收集利益相关方的意见，指导团队成员。请用第三部分介绍的方法，丰富你自己的工具箱吧！

第 14 章

理解问题的常用方法
Activities to Understand the Problem

理解模式要求我们主动从利益相关方处获取信息，用于定义（或重新定义）问题。不仅要理解需求，还要理解谁是利益相关方主体、理解系统的业务目标，同时开始构思如何设计架构满足需求。

第 5 章曾提到四类关键架构需求。这几类需求都会对架构产生影响，而质量属性的影响最大，是架构中的关键问题。

约束　给定或选定的不可更改的设计决策。

质量属性　外部可见特性，表征系统在特定环境下的运行情况。

影响较大的功能需求　架构设计需要特别注意的特性和功能。

其他影响因素　时间、知识、经验、技术、办公室政治、你的技术特长，以及其他影响决策的东西。

本章介绍的方法能够让开发团队与利益相关方相互理解，从而挖掘出关键架构需求。如果你需要更好地理解问题，不妨试试这些方法。

14.1 方法 1：二选一
Activity 1 Choose One Thing

与利益相关方讨论任务优先级时，可以让对方做一个极端的选择：如果我们现在只能做两件事中的一件，那么应该做哪一件？这个方法能够帮助利益相关方在难以取舍时做出决策。

作用

- 开门见山，确定孰重孰轻。

- 用作引子，了解对方的决策依据；如果要改变决策，需要什么条件。

- 出现不同意见时，这个问题可以帮助对方清楚地表明立场。

参与者

所有的利益相关方。

准备事项

对比选项，如质量属性、成本、进度、功能等。

步骤

1. 说明规则。参与者只能挑选一个选项，但这不意味着接下来只做这一件事，而是希望借此澄清问题，解决分歧，避免不必要的麻烦。

2. 展示选项。逐一解释每个选项的含义，确保每个人都能理解。

3. 要求参与者挑选一个选项。找出所有参与者都认同的选项，达成共识。

4. 请参与者简要说明选择的理由。讨论往往比最终结果更重要。

5. 就另一组选项重复上述步骤。

指导与建议

- 适合在真正的麻烦出现前使用。如果问题已经恶化，它只会激化矛盾。

- 难以取舍的功能需求应当进行公开评估。

- 该方法可以给影响较大的功能需求排定优先级。

- 更适合在非正式会谈时使用。

示例

表 14.1 是某开发团队展示给利益相关方的对比项，以及对方的选择结果。

表 14.1 对比项示例

对比项	选择结果
更高的性能 vs 更高的准确度	更高的性能，前提是准确度不能低于一定标准。
成本 vs 上市时间	上市时间，务必在规定时间实现系统功能，哪怕要背负技术债务。
可用性 vs 安全性	安全性，这是最重要的质量属性。
可用性 vs 成本	可用性，为了实现高可用性，对方愿意出资购买冗余设备。

变化与调整

二选一适合比较两个对比项，如果要比较多个方案，可以考虑使用权衡滑块（trade-off slider）。该方法需要准备三到五个选项（见图 14.1）。参与者为每个选项打分。有几个选项，得分上限就是几，且各选项的得分应不能相同（比如不能有两个选项都是 2 分）。打分结果一般用滑块的形式表现。

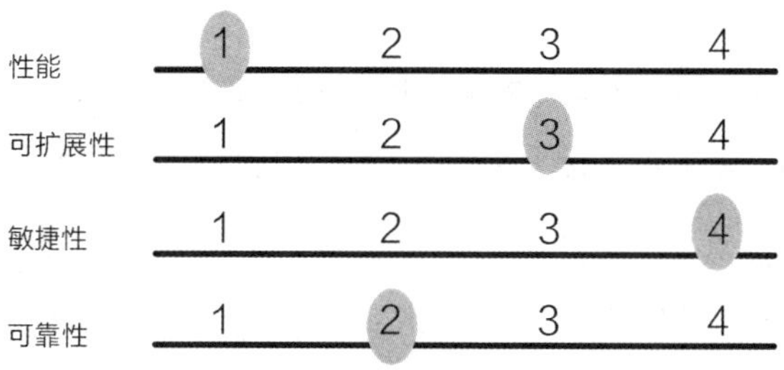

图 14.1 权衡滑块

14.2 方法 2：移情图
Activity 2 Empathy Map

举行头脑风暴，描绘某利益相关方（如客户、用户、维护人员等）的任务、想法、感受，帮助团队换位思考，理解对方的目标。

作用

- 在写架构描述之前，确定受众的需求。

- 判断哪些信息有用，哪些信息可以忽略。

- 建立评估准则，用于评估架构描述的有效性。

持续时间

10~30 分钟。

参与者

软件架构师、开发团队。既可以单人进行，也可以三到五人开展。

准备事项

- 事先确定换位思考的对象。

- 白板、笔、纸、便利贴。

- 如有远程参与者，则应事先准备好共享设备和远程协作软件。

步骤

1. 在白板上画四个象限，依次写上：任务、产出、口头禅、想法。

2. 把一位目标人物的名字写在中间。

3. 开展头脑风暴，分别描述目标人物要完成什么任务、有哪些产出、喜欢说些什么，以及他内心的想法。

4. 用便利贴记录描述内容，贴到对应的象限里。

5. 审视移情图，加深对目标人物的理解。

指导与建议

- 力求真实。把目标当成一个真实的人（而不是抽象的角色）描述。

- 应该与目标人物核实得出的结论是否属实。

- 告诉大家与目标人物有关的质量属性、风险，以及他关注的事项。

- 可用于理解终端用户，或用于利益相关方代理人理解质量属性。

- 有远程参与者时，可以使用 Mural 这样的软件。

示例

图 14.2 是以一位开发人员为对象的移情图。

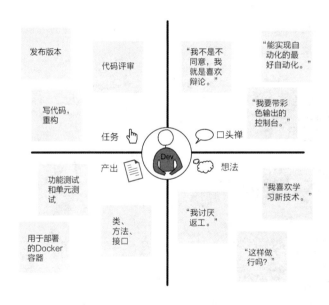

图 14.2　一位开发人员的移情图

变化与调整

移情图四个象限的内容是可以改变的。另一种常用的模式是：聆听、观察、行动（或表达）、思考（或感受）。

移情图还可以用来做质量属性分析。如果有人无法出席会议（如微型质量属性研讨会，见第 14.7 节），这个方法就能派上用场。这时我们不再描述缺

席者的任务、口头禅、想法，而是考虑对方会如何评估特定的质量属性。当
然，直接问当事人是最有效的方式，但是当他们缺席时，这样做也不失为一
种办法。

大家设想出至少两个质量属性场景，或者某个质量属性让人担忧的地
方。用记点投票的方式模拟缺席者对质量属性的评估。条件允许的话，事后
应该询问缺席者是否认可模拟的评估结果。如果缺席者也无法参加后续会
议，模拟的评估结果可以在这些会议中代表缺席者的观点。

图 14.3 是在架构师 Thijmen de Gooijer 主持的一次研讨会中拍下的照片。
便利贴上记录的是原始的质量属性场景。白板上画的是质量属性网络（见第
14.6 节），它展示了系统的各项质量属性。网络中间的环形线条代表缺席者对
各项质量属性的态度。质量属性网络用可视化的方式表现各种质量属性的重
要程度，尤其适合做头脑风暴时使用。在这次研讨会上，与会者借助移情图
模拟缺席者对质量属性进行了评估。

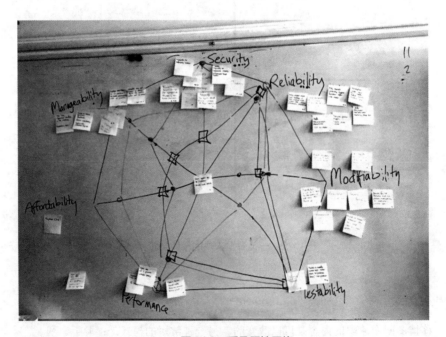

图 14.3　质量属性网络

14.3　方法 3：GQM 研讨会
Activity 3 Goal-Question-Metric (GQM) Workshop

　　GQM（目标-问题-指标）研讨会主要用于确定检测指标和响应度量，以便在数据与业务目标之间建立联系。它可以确定度量方式，从而判断目标是否被满足。

　　GQM 方法由目标、问题、指标三部分组成。目标描述了必须满足的概念性需求。目标可以是质量属性场景、一般软件质量、业务目标等。问题是用于检测一个或多个目标的手段。指标则定义了回答一个或多个问题所需的度量方式。

作用

- 强调以利益相关方的目标作为度量的基础。

- 通过回答问题（检查目标是否被满足），清晰地展示数据与目标的关系。

- 帮助团队在不同的场景下思考指标，用法灵活。

持续时间

　　15~90 分钟。

参与者

　　既可以单人进行，也可以三到五人开展。有利益相关方参与即可。

准备事项

　　白板、笔、纸；会前可以先确定几个目标。

步骤

　　1. 在白板的最左侧写下目标。

　　2. 请参与者提出问题。要回答哪些问题才能判断是否满足目标？在目标的右侧写下每一个问题，然后在目标与问题间画上连接线，形成树形结构。

　　3. 研究每个问题，找出回答问题所需的指标。把指标写在问题的右侧。在问题与回答该问题所需的指标之间画上连接线。

　　4. 针对与现有问题或指标有关的其他目标，重复上述过程。最后画出的树形结构将在指标与问题，以及问题与目标间建立联系。

5. 确定计算指标所需的数据。在指标右侧写下数据形式，并在指标与相应数据之间画上连线。

6. 确定从哪里可以获取所需数据。写下数据源，以及收集数据的成本。

7. 对指标和数据进行优先级排序。挑出那些"必须有"的指标；挑出多个指标和问题都要用到的数据源。

8. 记录研讨会结果。拍照，记下目标、问题、指标、数据、数据源。

指导与建议

- 画 GQM 树需要准备足够大的白板。

- 寻找可重复利用的地方。比如可用来回答多个问题的指标，以及可以用来计算多个指标的数据。

- 用电子表格记录结果，以便向利益相关方求证。记得经常回顾这些指标。

示例

图 14.4 是一张画好的 GQM 树的局部（省略了数据部分）。图中左侧记录的是目标，中间的是问题，最右侧是指标。

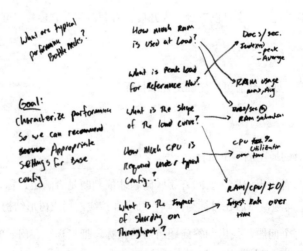

图 14.4　GQM 树示例（局部）

14.4　方法 4：利益相关方访谈
Activity 4 Interview Stakeholders

有时，主动询问是最容易了解利益相关方业务目标的方式。这样做可以直接了解项目的计划和问题发生的背景，发现潜在风险，挖掘质量属性和其他需求。

访谈可以有固定的形式，比如按照事先拟定的问卷进行，也可以采用自由的形式。自由访谈对话感更强，被访问者会感觉更轻松。不过自由访谈也应该按设计好的主题有序推进。除了面对面访谈，还可以采用发送问卷的方式进行访谈。

网上有现成的访谈模板和问题清单。我推荐阅读 Kim Goodwin 写的《Designing for the Digital Age: How to Create Human-Centered Products and Services》。

作用

- 收集信息。
- 开放地沟通、讨论问题。
- 为研讨会或其他方法收集背景资料。
- 快速验证质量属性场景和关键架构需求。
- 在利益相关方与架构师之间建立直接的联系。

持续时间

单次访谈需要 30~60 分钟。

参与者

由架构师提问，利益相关方作为访谈对象。一对一进行访谈，或者在小范围内开展。其他团队成员可以旁观，但一定要控制提问的人数。一次最多只能有两位提问者，否则访谈对象会不知所措。

准备事项

- 确定访谈目标和问题。
- 用来记录访谈信息的笔、纸、电脑。
- 录音机（录音能让你专心访谈）。大部分远程会议软件都有录音功能。

步骤

1. 说明访谈目的和访谈结果的用途。目的是验证目前搜集到的需求，确保理解对方的真实需求。

2. 按事先准备好的问题清单提问。

3. 可以临时补充问题，确保收集到想要的信息。

4. 访谈结束时，向对方表示感谢，表示会谈非常愉快。

5. 访谈结束后，简单地写下你对访谈的整体印象，任何想法与思考都可以记录下来。如果有人旁观，请一并搜集他们的笔记和印象。

6. 所有访谈结束后，分析收集的信息。根据具体情况，决定是否更新或增加关键架构需求。汇总需要采取进一步行动解决的风险和问题。

7. 召开简短的会议，向团队和利益相关方报告访谈结果。

指导与建议

- 避免过早与利益相关方讨论架构需求。在讨论架构需求之前，通常还需要做大量的前期准备工作。

- 鼓励访谈对象表达真实的想法，避免诱导对方。

- 尽量使用对方习惯的说法和词汇总结观点。

- 询问系统的真实用户和主要的利益相关方。比如：比起在一旁监督仓鼠驯养员却没有喂养仓鼠经验的 Beatrice，我们更应该询问仓鼠驯养员 Eunice。

- 借助数据快速进入主题。可以使用响应度量稻草人（见第 14.9 节）。

- 录音或安排记录员。提问者应该将全部注意力放在访谈对象身上。

示例

这个示例采用的是自由访谈的形式。架构师想通过交流确定一项业务约束。

架构师：你们曾提到新系统会替换现有系统。那么打算如何处理旧系统呢？

利益相关方：新系统上线后，我们就会开始执行迁移计划。整个迁移大概需要 9 个月的时间，因为我们要留出足够的时间让客户放弃旧系统。

架构师：9 个月相当长。你们预计什么时候完成所有迁移？

利益相关方：当然是越早越好。我希望最迟在明年 12 月份完成。

架构师：好的。那就是说新系统必须在明年三月底前上线。是这样吧？

利益相关方：是这样，没错。

架构师：关于迁移的需求，还能再说得详细些么？我不希望留下隐患。

利益相关方：当然可以。在迁移前，新系统必须包含四项功能……

14.5 方法 5：假设清单
Activity 5 List Assumptions

假设（assumption）是我们对系统"想当然"的理解。未经验证的假设有可能会毁掉项目。列出假设可以引起大家的重视。假设清单在规划架构设计、安排后续任务、优化关键架构需求时都能派上用场，它还能扩大团队对架构的共识。

作用

- 消除有关目标和需求的误解。

- 可随时开展分析，无需举办正式的研讨会。避免忽略重要需求。

持续时间

15~30 分钟。

参与者

所有成员两两组队，或分成小组（每一组三至五人）。也可单人进行，但需要将清单展示给其他人看，否则假设无法有效"曝光"！

准备事项

常用的记录工具，笔、纸、白板、便利贴等。

步骤

1. 提醒大家未经检验的假设的危害。

2. 宣布目标：大家在 15 分钟内写下与系统有关的所有假设。

3. 提醒大家从最关键、最重要的假设写起。

4. 把大家提出的假设展示出来，让所有人都能看到。

5. 如果没人再提出新假设，可以进入下一个议题；或者宣布结束。

指导与建议

- 可以这样提问："关于……我们知道些什么？"

- 大家心照不宣的假设也要详细地记录下来。

- 出现令人意外的假设时，可以临时开展讨论。

- 把所有假设记录在团队的维基页面上。

示例

图 14.5 是某团队列出的假设清单。

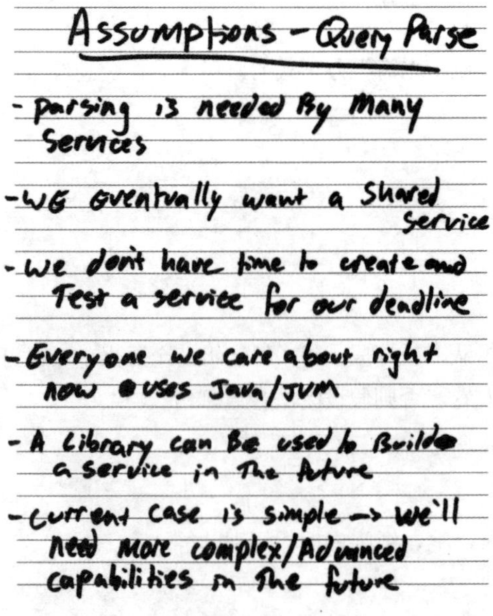

图 14.5 假设清单

14.6 方法 6：质量属性网络
Activity 6 Quality Attribute Web

质量属性网络用可视化的方式展示头脑风暴的结果，它可以对利益相关方关注的事项和原始质量属性场景进行提取、分类、完善、排定优先级。它还可以用来收集利益相关方的关注事项（记录在便利贴上，见图 14.6）。

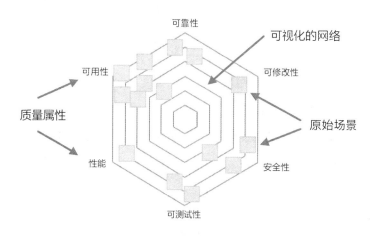

图 14.6　质量属性网络

作用

引导利益相关方思考质量属性，而不是产品功能；展示强调不同质量属性的系统的差异；帮助利益相关方排定质量属性场景优先级。

持续时间

30~45 分钟。

参与者

利益相关方和团队成员都可以参与。

准备事项

如果打算使用已有的质量属性分类方案，请提前准备好。便利贴、白板笔。

步骤

1. 向大家展示空白的质量属性网络。如果能事先确定有哪些质量属性，可以先写好。如果确定不了，那就请大家集思广益，想出五到七项对利益相关方来说最重要的质量属性。

2. 开展头脑风暴，收集利益相关方关注的事项和原始质量属性场景。把关注事项和场景写在便利贴上，贴到网络中最相关的质量属性旁边。

3. 到时间后，拍照记录结果。用这些信息创建质量属性场景。

指导与建议

- 有些人需要帮助才能理清自己的关注事项。
- 用记点投票的方式给关注事项（原始质量属性场景）排定优先级。
- 不必担心收集到的场景不完美。粗糙的想法、部分场景都是好的开始。
- 与微型质量属性研讨会（见第 14.7 节）相结合，可以组织更全面的研讨会。

示例

图 14.7 是某团队画的质量属性网络，从中可以看出大家更重视可用性和可靠性。团队提出了约二十个原始场景，但利益相关方认为只有六到七个比较重要。

图 14.7　质量属性网络

14.7 方法 7：微型质量属性研讨会
Activity 7 Mini-Quality Attribute Workshop

微型质量属性研讨会常用在项目早期与利益相关方探讨质量属性，它具有精益、便利的特点。研讨会的参与者开展团队协作，借助质量属性分类方案快速识别、厘清、完善质量属性。最后可以得出质量属性场景的优先级列表，并收集到大量的系统背景信息。

作用

- 仅需几小时就能完成传统质量属性研讨会的核心步骤。

- 快速确定原始质量属性，排定优先级，用于提炼完整的质量属性场景。

- 为利益相关方提供沟通交流的机会。

- 让利益相关方有机会讨论系统的质量属性、风险和相关问题。

持续时间

1.5~3 小时，视质量属性分类方案的规模和头脑风暴方式而定。

参与者

主持人，通常由架构师担任，以及由利益相关方组成的小组。参与人数以三至五人为宜，最多不超过十人。如果人数太多，可以分组举行研讨会。如果分组举行研讨会，最后每个小组的研讨结论都要展示给大家一起审核。

准备事项

- 准备一份质量属性分类方案。质量属性分类方案是一组预先设定的、与系统类型相关的质量属性。软件工程研究所的网站上有一篇论文《Quality Attributes and Service-Oriented Architectures》，其中给出了一组适用于面向服务架构（SOA）的质量属性分类方案。现成的质量属性分类方案将有助于大家开展头脑风暴。

- 按照图 5.1 的形式制作空白的质量属性场景模板，借助这些模板完善质量属性场景。

- 在一张大白纸上打印质量属性网络（参见图 14.6）。如果不想提前打印，也可以在研讨会开始时画在白板上。

- 准备调查问卷，用于收集原始质量属性场景。白板、便利贴、笔。

步骤

1. 说明研讨会目标与议程。

2. 给参与者必要的指导，让大家理解什么是质量属性。介绍事先准备好的质量属性分类方案。

3. 展示质量属性网络。

4. 借助事先准备的调查问卷开展头脑风暴，收集原始质量属性场景。请参与者将想到的（原始）场景写在便利贴上（每张便利贴上只记录一个场景），然后把便利贴贴到质量属性网络上，同时大声念出便利贴上的内容，保证大家都能听到。在这个过程中，如果有参与者联想到新场景，那么同样应该记录下来并贴到网络上。

5. 头脑风暴结束后，使用记点投票的方式对质量属性与原始场景开展优先级排序。每位参与者可以拿到原始场景数量的三分之一的票数。例如：如果网络上一共有 24 张便利贴，则每位成员有 8 票的投票权，可以自由投票。同时，每个人还有 2 票可以投给质量属性。所有人的投票同时进行。

6. 借助事先准备好的空白质量属性场景模板（参见图 5.1），利用余下的时间完善排名靠前的原始场景。如果时间不够用，请在会后继续完成。

7. 会后继续完善排名靠前的几个原始质量属性场景。完善后的质量属性场景及其优先级应该在下次会议中展示给大家，请大家共同审核。

指导与建议

- 质量属性分类方案包含的质量属性不必太多，以五到七个为宜。

- 使用质量属性网络，将便利贴贴在最相关的质量属性旁边。

- 收集原始场景时不必追求完美。

- 可以就刺激、响应、环境等质量属性元素向参与者提问，激发大家思考。

- 如果会议中有人表现出忧虑，应该给予关注。这种忧虑很可能包含尚未发掘的场景。

- 注意排除功能特性与功能需求。

• 会后务必继续完善排名靠前的场景。这是最重要的工作！

• 如果有外地参与者，那么需要准备好屏幕共享软件，或者使用 Mural 这样的电子白板软件。有关远程协作的详细建议请参考第 9.5 节。

示例

表 14.2 是一个微型质量属性研讨会的议程。

表 14.2   微型质量属性研讨会议程

议程	时间	提示
介绍微型质量属性研讨会	10 分钟	
讲解什么是质量属性	15 分钟	帮助参与者做好准备
开展头脑风暴，收集原始场景	30~120 分钟	使用质量属性网络
对原始场景进行优先级排序	5 分钟	使用记点投票
完善场景	剩余时间	如时间不够，会后继续完成
审核结果	60 分钟	另外组织会议开展

微型质量属性研讨会由多个灵活的环节组成。接下来，我就标准议程的每个环节给出一些额外的建议。

1. 头脑风暴与场景优先级排序。如果研讨会参与者有一定经验，那么只需要引导大家做一次简单的头脑风暴，大家就能进入状态。头脑风暴的时间控制在 7~10 分钟，要求每位参与者独立思考，想出尽可能多的原始场景。如果参与者（或主持人）缺少经验，可以事先准备好质量属性网络（见第 14.6 节）、质量属性分类方案、调查问卷。调查问卷是根据质量属性分类方案设计的问题列表，旨在激发参与者尽可能多地想出原始场景。设计调查问卷需要更长的准备时间，但这种做法比较稳妥，也更容易产生前后一致的结果。

头脑风暴结束后，请大家投票，对原始场景进行优先级排序。参与者会提出很多关注事项和原始场景，但并不是每一个都值得进一步完善。完成投票后，再审视一下质量属性网络。哪些区域的便利贴比较密集？这与投票结果是否相符？高优先级场景是否与高优先级质量属性保持一致?

图 14.8 是一张完成投票后的质量属性网络。便利贴上的点代表对原始场景的投票，网络上的点代表对质量属性的投票（与具体场景无关）。

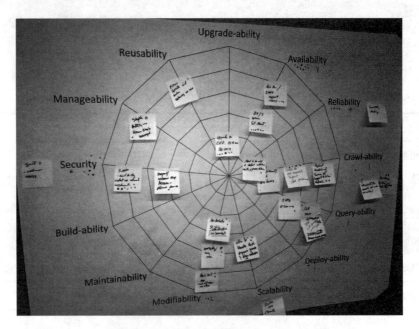

图 14.8　完成投票后的质量属性网络

2. 完善场景。原始场景优先级排序完成后，大家一起利用研讨会余下的时间完善场景——展示空白的质量属性场景模板，与利益相关方一起填写。模板可以打印在纸上或用演示文档展示。如果时间不够用，主持人要在下次会议之前完成这项任务。

在完善场景时，要提防"伪装"成质量属性场景的功能需求。所有人都喜欢谈功能，在微型质量属性研讨会上很容易出现对功能的要求。出现这种情况时，请将功能需求记在你的笔记本里，然后将话题重新引导到质量属性上。

3. 请利益相关方审核结果。再召开一次会议，请利益相关方共同审核完善后的场景。可以用 PPT 或其他合适的方式进行展示。

同时，检查你放入场景中的所有响应度量的准确性（见第 14.9 节）。如果发现遗漏的场景信息，请予以补充。

最后，利用这次机会再次检查排在前面的质量属性场景的优先级。用简单的高或低来衡量通常就足够了。没有进一步完善的场景一般都是优先级比较低的。

变化与调整

微型质量属性研讨会是传统质量属性研讨会的简化版本，后者通常需要几天时间才能完成，更适合用于高风险的系统。想了解传统质量属性研讨会的读者可以参考《Quality Attribute Workshops, Third edition》一书。

14.8　方法 8：观点填空
Activity 8 Point-of-View Mad Lib

观点填空用简洁的、易于记忆的形式记录业务目标和其他利益相关方需求。图 14.9 是观点填空的一个模板。你可以使用这个现成的模板，也可以自己设计。

图 14.9　观点填空模板

写过敏捷故事的人都应该熟悉这个形式，只不过现在的重点是利益相关方的需求，以及整个系统如何提供价值，而不是某个系统特性或功能。你可以把它看成一个综合性的故事，其中可能隐含着许多小故事。

作用

- 换位思考，理解利益相关方的需求。
- 从用户的角度清楚地阐述业务目标。
- 可用于开启有关业务目标的讨论。

持续时间

30~45 分钟。

参与者

既可单人进行，也可以两到三人组成小组开展。如果人数较多，可以分成多个小组进行，每个小组两到三人。

准备事项

挑选一组利益相关方，制作好名单，用于填空。名单也可以和参与者一起决定。为每个小组准备白板、纸、笔，保证每位参与者都能完成一个填空。

步骤

1. 介绍活动和日程。

2. 向大家讲解模板的用法，做热身练习（确保参与者都理解无误）。所有人都应该参加热身练习。

3. 介绍名单上的第一位利益相关方，以小组为单位讨论对方的需求。

4. 给每个小组 90 秒的时间来完成一个填空。

5. 重复第 3 步和第 4 步，直到名单上所有利益相关方的需求都讨论完毕。

6. 展示填空结果，并以小组为单位进行讨论。不要求参与者达成一致意见。

指导与建议

• 挑选的利益相关方应该是一个个具体的人，而不是头衔。

• 填空时不要担心措辞不准。一开始就要求找到准确的词汇是比较困难的，把想法表达出来更重要。

• 填空应该以结果为导向。为了帮助理解利益相关方的真正需求，可以尝试问"五个为什么"（https://en.wikipedia.org/wiki/5_Whys）。

示例

填空应该尽可能快，不要思考太久。以下是 Lionheart 项目组借助观点填空记录的利益相关方需求。

· 云顿市长希望降低 30% 的采购成本，以避免在选举年削减教育或其他基础服务的预算。

· 云顿市长希望提升本地企业的参与度，因为本地企业中标可以改善本地经济。

· 预算办公室希望将发招标时间缩短一半，从而改善整个城市的服务，同时降低成本。

变化与调整

以下方法可以作为观点填空的补充：

1. 设计意图（design hills）描述软件对最终用户的影响 。像其他说明业务目标的方法一样，设计意图应该描述软件提供的价值，而不是如何构建软件。

设计意图由三个部分组成：人物（who）、任务（what）、效果（wow）。

人物　受软件影响的利益相关方。

任务　利益相关方能借助软件完成的，此前无法完成的事情。

效果　用软件完成任务后产生的显著的、可度量的直接结果。

图 14.10 是 Lionheart 项目中的一项设计意图的示例：

图 14.10　Lionheart 项目设计意图示例

2. 业务目标声明简单而直接地描述利益相关方如何从软件系统获得价值。业务目标声明也由三个部分组成：主体（subject）、结果（outcome）、背景（context）。

主体　人物或机构。

结果　描述软件带来的变化，结果应当是精确的、可衡量的。

背景　提供背景信息，以便团队成员换位思考，加深对需求的理解。

表 14.3 是两条业务目标声明示例。

表 14.3　业务目标声明示例

主体	结果	背景
云顿市长	降低 30％的采购成本。	避免在选举年削减教育或其他基础服务的预算。
预算办公室	发布招标时间缩短一半。	目前发布时间为 9 周。改善整个城市的服务，同时降低成本。城市服务缺少资金会影响市民。设想：女子篮球比赛中没有卫生纸，急救医疗队缺少足够的注射器。

14.9　方法 9：响应度量稻草人

Activity 9 Response Measure Straw Man

响应度量稻草人的作用是为利益相关方提供一个参考对象，辅助他们回答我们的提问。稻草人通常是为质量属性场景预设的一些合理的响应度量，用来开启与利益相关方的讨论。稻草人还可以用来获取关键架构需求（见第 5 章）。

作用

- 为可衡量的响应提供一个对比用的参考值。

- 快速进入有关质量属性场景的讨论。

- 使用假想的参考值，设定基准，从而避免大家不知道从哪里开始讨论。

持续时间

可长可短，用法灵活，常与其他方法组合使用。

参与者

通常是架构师先设定响应度量稻草人，然后与利益相关方一起验证。

准备事项

原始质量属性场景列表（参见第 5.2.1 节）。

步骤

1. 针对每个质量属性场景，选择响应方式与响应度量。响应方式应当是基于你的知识和经验得出的合理推测。响应度量要么是极度夸张的，要么是接近真实的。如果你自信可以做出合理的估计，应该选择一个接近真实的响应度量；如果你信心不足，可以选择一个夸张的响应度量，用以试探可接受行为的边界。

2. 将这些场景做上标记，代表"有响应度量稻草人"，避免产生混淆。

3. 与利益相关方一起验证场景及其响应度量，比如在利益相关方访谈（见第 14.4 节）和微型质量属性研讨会（见第 14.7 节）上都可以做这样的验证。

指导与建议

• 借助稻草人试探和理解可接受行为的边界。

• 针对场景的响应应当是合理的、有效的，目的是找出合理的响应度量。

• 留心利益相关方的发言。他们看到错误的度量时，通常会给出有用信息。

• 小心锚定效应（anchoring）。锚定效应是一种认知偏差，即人们被听到的第一个信息左右。稻草人要么是一个合理的预测，要么是夸张得离谱的。如果对方接受了离谱的响应度量，那就要小心了。

示例

表 14.4 是为基于云的信息系统预设的响应度量稻草人。

表 14.4 响应度量稻草人示例

质量属性	响应	响应度量稻草人	可接受的响应度量
可修改性	添加新算法需要的时间	6 个月	2 次迭代
可移植性	迁移到新云平台的工作量	3 人月	4 人天
性能	典型负载下的平均响应时间	1 分钟	顶多 3 秒
可伸缩性	系统能够处理的用户负载	每秒 10 个请求	每秒 140 个请求

14.10　方法 10：利益相关方关系图
Activity 10 Stakeholder Map

利益相关方关系图是一张网络图，它显示了参与开发软件的人以及受软件影响的人之间的关系。利益相关方关系图可以展示所有与软件系统有关的人员的相互关系、层次结构、交互方式。

作用

- 发现不易察觉的利益相关方。
- 确定讨论需求的对象。
- 帮助团队换位思考，而不是只关心技术。
- 反映系统背景及相关人员的关系。
- 帮助新成员快速了解情况，或辅助架构验证。

持续时间

30~45 分钟。

参与者

整个团队、已知的利益相关方。既可单人进行，也可以多人开展。如果空间条件允许，25 人甚至更多人都行。

准备事项

• 足够大的白板或白纸。如果是在纸上画，可以用胶带把纸贴在墙上，或者把纸铺开放在一张大桌子上。各种颜色的白板笔，保证大多数人都有一支笔。多人合作要确保有足够的活动空间和书写空间，让所有参与者都贡献力量。

• 如果有远程参与者，可以使用诸如 Mural 这样的工具。

步骤

1. 宣布目标：用 30 分钟时间，画出利益相关方的关系图。有了利益相关方关系图，了解需求时应该先找谁后找谁就一目了然了。

2. 介绍画关系图的方法与建议。

3. 开始画图。集体合作，所有参与者都可以在图上添加对象和说明。

4. 画完关系图后，请参与者分享对关系图的看法。有哪些有趣的关系？出现了哪些意料之外的利益相关方？谁是最重要的利益相关方？

5. 给关系图拍照，放到团队的维基页面上。

指导与建议

• 用单个头像表示个体；用多个头像表示群体。

• 添加利益相关方要具体，描述他们的角色，甚至写出名字。

• 可以在对话气泡（speech bubble）里写上利益相关方的需求和想法。

• 用连线和箭头表现角色之间的关系和影响。连线上可以添加文字，对关系做进一步说明。

• 如果参与者表现呆滞，可以鼓励他们想想还有哪些不易察觉的利益相关方。

• 把笔递给那些作壁上观的人，督促他们加入大家的行列，一起画图。

示例

如图 14.11 是一张利益相关方关系图，它是由三个人在 15 分钟内完成的。

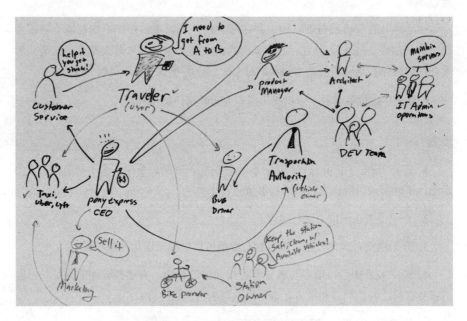

图 14.11　利益相关方关系图示例

第 15 章

探索解决方案的常用方法
Activities to Explore Potential Solutions

探索模式可以帮助我们发现各种解决问题的设计理念与工程方法。架构探索关注的是受架构控制的部分——软件。我们并不是总有机会选择解决什么问题，但至少可以选择怎么解决。解决方案只受我们的知识、创造力、技能的约束。

探索似乎是没有边界的，但设计总是在前人的基础上开展的，设计思维的四条原则之一是善于借鉴（见第 2.1 节）。所有设计都是在已有设计基础上的重新设计和调整创新，探索首要要从这些已知的设计开始(比如第 7 章介绍的架构模式)。

架构师不仅是设计师，也是工程师，所以我们还要探索另外一些领域。比如软件的构建方法、已有的框架、经验法则，它们也会对架构产生影响；还有问题领域的概念和知识，这些是构思解决方案的出发点。当然，还要探索架构元素的关系和功能。

在我们探索解决方案的同时，我们对问题的理解也会加深。边做边学是一种常态。在《Notes on the Synthesis of Form》一书中，Christopher Alexander 写道：只有先在头脑中写下答案，才能准确定义问题。问题引出了解决方案，解决方案反过来又重新定义了问题。这正是设计的乐趣所在。

本章介绍的方法将帮助你构思各种架构设计方案。从这些方案中选择合适的架构，并找到相应的开发方法。

15.1 方法 11：架构拟人化
Activity 11 Personify the Architecture

架构拟人化是指赋予架构人的特点，从而便于探索不同元素之间的互动关系。像谈论人一样谈论架构有助于建立对架构的感性认识。该方法把架构中的元素看成人（或动物），进而描述它们的情绪、动机、目标以及对刺激的反应。

拟人论(anthropomorphism)是一种探索设计概念的自然而有趣的方式。当然，拟人论也有不足之处，因为人的特点与软件系统并不能准确对应。我们其实是在虚构一种软件形象，赋予它人的一般特点！目的是为了降低理解架构的难度，提高沟通效率。尽管这样做会牺牲部分精确性。

作用

- 降低理解架构的难度。

- 通过设想架构元素的"反应"和"感受"，找出哪些属性和情境是我们想要的，哪些是我们不想要的。

- 用故事加深大家对架构需求的印象，让大家时刻把架构需求放在心中。

- 假装架构也是团队中的一员，提高大家对设计决策的认同。

- 方便快速尝试各种的"情绪"与"反应"。

准备事项

无须提前准备，常用于即兴讨论。

步骤

1. 选择架构的某个部分，用拟人的方式描述其行为。考虑架构元素要满足的质量属性场景和功能需求。

2. 假装架构元素具有人的特点，它们对质量属性场景和功能需求引发的刺激会做出什么样的反应？用讲故事的方式描述出来。（把元素看成人物，描述其"动机"与"反应"。）

3. 在同一组元素身上尝试不同的"反应"和"情绪"。如果架构发生变化，元素会如何改变行为？

4. 多次尝试后，记下最合适的描述。创建系统隐喻，用于进一步的分析。

指导与建议

- 将拟人化作为团队讨论设计的常用方法。
- 把架构当成人看起来有点傻，习惯就好了。
- 边讲故事边画草图，能让想法变得更生动。
- 拟人化描述不能代替架构视图，后者是对系统更精确的描述。

示例

下面是团队对某个 web 服务的拟人化描述。

- 我们的服务是变幻无常的。它们不关心自己住在哪里，也不关心每次请求时与哪个服务实例对话。
- 大部分服务都很固执。如果请求失败，他们会继续发出请求。
- 有些服务是急性子，脾气不好。它们不愿意等待，如果不能马上得到想要的数据，它们宁愿凑合使用已有的数据。
- 有些服务的私人关系很好，相互交流非常频繁。可以考虑成对部署，这样它们就不会孤单了。

15.2　方法 12：架构演变记录
Activity 12 Architecture Flipbook

架构演变记录记下了设计过程的每一步，以便其他人可以随时查看。它的每一页都包含草图和说明文字，记录了架构模型的演变情况。这份记录可以用来追踪设计选项，或者回顾有可能把我们引向歧途的那些决策。它说明了当前的架构是如何一步一步发展而来的。

外人只看到你的设计的成果，却看不到设计过程中的坎坷和灵机一动。丢掉这些珍贵的回忆多么可惜呀。从中不但可以发现架构师深邃的思想，而且能看出架构模型的演变历程。

作用

系统地思考架构模型；记录所有的设计分支与设计回溯；指导他人思考设计和模型；解释设计想法是从哪里来的。

持续时间

每次 30~45 分钟。制作架构演变记录是高强度的脑力劳动，注意休息。

参与者

既可以单人进行，也可以二三人一组开展。

准备事项

简单的记录工具，比如 PPT。也可以在纸上画并随时拍照。

步骤

1. 挑选一个用户故事或质量属性场景作为引子。

2. 在第一页 PPT 上，描述待解决的问题或关键架构需求。

3. 在第二页 PPT 上，简要记下由问题引出的有趣的领域概念。

4. 在第三张 PPT 上，添加一个你认为可以解决问题的架构元素。

5. 复制刚才那张 PPT，考虑你起初选择的用户故事或场景。你能实现这个场景吗？是否发现了新问题（原来的元素无法解决）？写下你的问题和想法。然后通过添加一个新元素（和必要的关系），设法解决其中一个问题。

6. 重复第 5 步，直到你能够成功地实现用户故事或场景，并且回答所有的开放性问题。如果你卡壳了，请返回之前的某个模型，从那里继续。同时在新的一页 PPT 上做上标记，表明这是较早节点的一个分支。

7. 回顾检查演变记录。借助演变记录总结最终模型的逻辑依据。

指导与建议

- 从显而易见的概念开始。
- 留心尚未在问题领域中明确命名的隐藏概念和新概念。它们很值得研究。

- 两页 PPT 之间的变化不宜过大。

- 注意查找模型中与用户故事或场景不一致的地方。

示例

图 15.1 是一份架构演变记录的示例。该系统根据用户数据训练预测模型。核心功能需求如下：用户（训练者）提供用于查询文档的引用，通过反复查询就能训练出新的预测模型。

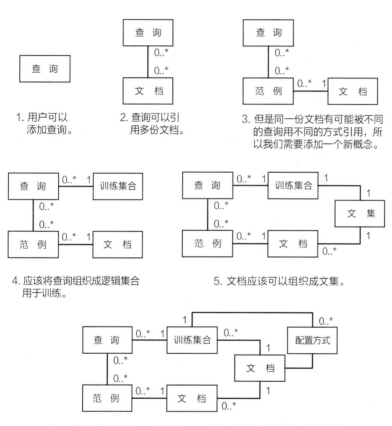

图 15.1 架构演变记录示例

这一系列模型构成了一个不断增长的概念图（见第 15.4 节），最终形成了一个 RESTful 风格的 API。留意它是如何从基本功能需求起步，然后顺势发现未提及的隐藏想法的。从第 6 步开始出现了分支，目的是为了探索其他设计路径。

变化与调整

第 16.7 节将介绍的未采纳的决策与架构演变记录很像，区别在于前者强调记录历史，而后者侧重于推演解决方案。当我们列举未采纳的决策时，我们主要是在回顾和反思模型的演变过程，而不是考虑解决方案。

15.3 方法 13：组件-功能-协作者卡片

Activity 13 Component Responsibility Collaborator Cards

组件-功能-协作者卡片（简称 CRC 卡片）描述了架构元素及其功能，可用于探讨架构元素是如何协作的，形成架构视图。这个概念是从"类-功能-协作者卡片"引申来的。该方法也常用于领域概念建模。

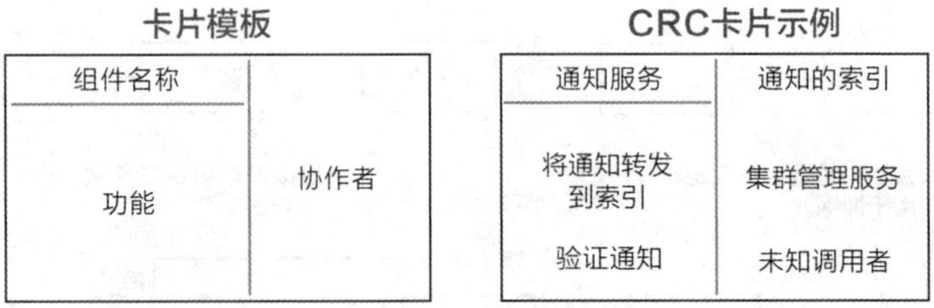

卡片模板		CRC卡片示例	
组件名称		通知服务	通知的索引
功能	协作者	将通知转发到索引	集群管理服务
		验证通知	未知调用者

图 15.2 CRC 卡片

作用

用于设计探索，快速尝试各种设计方案；让团队达成共识，扩大对架构的共同理解；为关键架构需求寻找合适的解决方案；发现潜在的架构偏差。

持续时间

30~90 分钟。

参与者

既可单人进行,也可三到五人合作开展。

准备事项

- 卡片、笔若干、一张大桌子。
- 提前了解系统功能需求(用例、用户故事等)与质量属性场景。

步骤

1. 说明目标,展示组件-功能-协作者卡片示例。

2. 大声念出系统的功能需求和质量属性场景。

3. 用一张卡片代表质量属性场景中的用户或资源。在卡片顶部写下用户或资源的名称,在下方写下用例或场景的触发因素。

4. 取出一张新卡片,代表最先与触发因素卡片交互的架构元素。在卡片顶部写下元素的名称。

5. 通过增加新卡片(新元素)丰富架构。每张卡片都应该写明元素的功能。可以在卡片侧边记录该元素与其他元素的关系。为了更好地展示卡片间的关系,可以调整卡片的摆放位置。

6. 设计分支方案时,多余的卡片可以放在桌子一边,随用随取。这样做可以加快探索、评估替代方案的速度。

7. 选择一个新的功能需求或质量属性场景,检查现有架构是否能够满足它。如有需要,可以增加或修改卡片。

8. 重复第 4~7 步,直到处理完所有的功能需求和质量属性场景。

9. 最后,记录所有元素及其功能,还有关键设计决策与设计原则。

指导与建议

- 用卡片或便利贴代表元素。
- 不要只用文字做记录,适当画图可以增加活动的趣味性。
- 为了方便探索,推演过程中允许混合使用静态的、动态的、物理的结构。

- 最后，每张卡片都应当至少有一项功能。对于没有功能的卡片，应该考虑是不是还需要它们。还要检查是不是有卡片承担了过多的功能。

示例

这里用一个例子来说明 CRC 卡片是如何丰富架构元素与功能的（见图 15.3）。

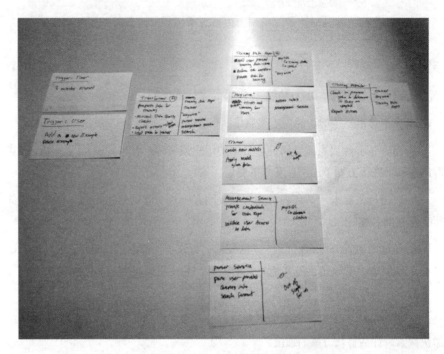

图 15.3　CRC 卡片示例（1）

我们摆好卡片后，发现了一些有趣的地方。首先，Transformer 卡片（转换器卡片，在左起第二列）的功能与协作者似乎都太多了。如果把这些功能分配给其他的元素，会发生什么？请看图 15.4。

我们把原来的 Transformer 卡片放到一边，将其功能一分为二。新的 Transformer 卡片只负责转换数据。又增加一张新卡片 Training Prep（训练预处理），负责对要训练的数据进行预处理，然后交给训练器（Trainer）。另外，我们还确定了一个新元素，叫训练监视器（Training Monitor），但它与当前业务流无关。

再看看这个模型，Training Data Repo 卡片（训练数据仓库卡片，位于第三列顶部）似乎也承担了过多的功能。这些功能可以合理地转移到新元素上吗？

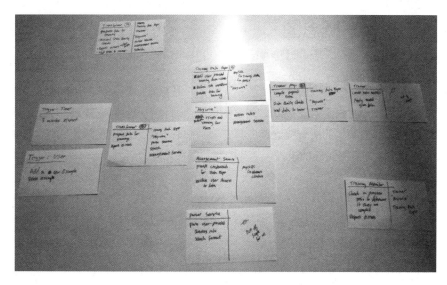

图 15.4　CRC 卡片示例（2）

我们发现，可以把所有写用户数据的功能从 Training Data Repo 卡片中移除，只让它处理工作流。我们将 Training Data Repo 卡片放到一边，然后新增了一张 Jobs Service 卡片（工作服务卡片，位于图 15.5 左起第三列顶部）。

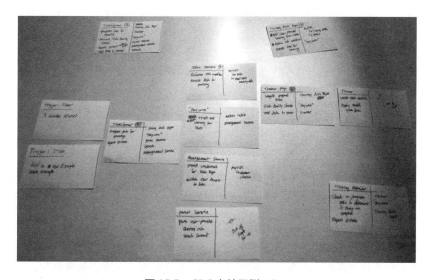

图 15.5　CRC 卡片示例（3）

拍照存档后，我们又引入一个新场景，通过调整 CRC 卡片支持这个新场景。

15.4　方法 14：概念图
Activity 14 Concept Map

　　概念图展示问题领域的概念及其相互关系，是探索问题领域的可视化工具。优秀的软件架构扎根于问题领域。概念图可以帮助我们理解问题领域，从而找出解决方案。问题领域的所有概念都应该在架构中有一席之地。理解领域概念间的关系，我们才能选择正确的模式、交互模型、信息架构。

作用

　　展示领域概念及其相互关系；探索领域概念间的各种关系；发现隐藏着的重要领域概念；为划分架构元素、定义元素之间的关系打基础；为系统构建必要的词汇；评估架构适用性。（架构与领域模型是否一致？）

持续时间

　　30~60 分钟。

参与者

　　开发团队的成员。既可以单人进行，也可以两三人一组开展。事后应该找了解情况的利益相关方进行核实。

准备事项

　　相关绘图软件，或者纸和笔。

步骤

　　1. 从问题领域选择一个起始概念（通常来自关键架构需求）。把起始概念的名字写下来，在它周围画一个方框。

　　2. 逐一记录与起始概念有关联的概念，并将它们连接起来。确定每段关系的基数。为每段关系指定一个特定的名称。关系读起来应该像一个句子，比如"A 对 B 发布了零个或多个东西"，或者"A 满足 B 提出的一条或多条需求"。

　　3. 选择一个功能需求或质量属性场景来充实领域概念。试着描述当前领域概念如何满足场景。留意概念缺口（concept gap）以及那些万能的概念（omniscient

concept）。

如果我们对领域模型的了解不充分，就有可能出现概念缺口。概念缺口很容易发现，因为如果不引入新的概念，就无法满足场景。万能概念是一种神奇的概念，它似乎可以与所有概念相连（包括那些无关的概念）。找出万能概念需要对问题领域和概念图进行高度反思。

4. 引入新发现的概念，重复第 3 步，修改概念图，直到场景完全得到满足。

5. 选择一个新场景，继续完善概念图，使它满足新场景。

指导与建议

- 用方框代表概念，用连线代表概念间的关系。
- 概念命名和关系描述应该明确具体（参见第 8.2 节介绍的命名方法）。
- 关系是双向的，因此两端应该分别进行描述。
- 也许需要改变已有概念（和关系）的位置，才能画出合适的概念图。

示例

图 15.6 是 Lionheart 项目的概念图，它展示了问题领域的几个核心概念。图中的内容可以像这样念出来：市政部门发布零个或多个招标书；招标书描述了市政部门的一条或多条需求。

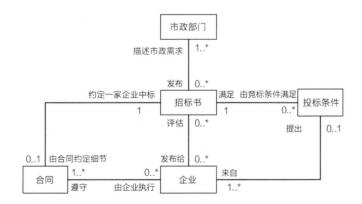

图 15.6 Lionheart 项目概念图

这张图提供了不少有用的信息，它展示了我们对业务规则和系统有效状态的理解（或者叫假设）。我们发现招标书是最重要的领域概念，应该尽早定义好这个概念，避免后面出现问题。

变化与调整

概念图可以用作架构决策记录（见第15.2节），你要做的是把探索过程中的每一个步骤都记录下来，这些概念图自然就形成了一份决策记录。

概念图与领域驱动设计的环境映射（context mapping）很像，但后者通常用在大型系统里。概念图相对简单，目标也更明确。如果概念图变得越来越复杂，就应该使用环境映射了（可参考《领域驱动设计：软件核心复杂性应对之道》一书）。

15.5 方法 15：分而治之
Activity 15 Divide and Conquer

如果需要探索的范围和目标很广，可以把团队分成多个小组，每个小组负责探索一块内容。将问题拆解开，以便并行解决。可以允许小组自行选择探索方法，但仍然要通过适当的监督确保所有人合理使用时间。

划分探索空间有可能造成设计的碎片化和不一致。这个问题只有在小组开始探索后才会暴露出来，因此你在考虑划分方式时一定要加倍小心。

采用分而治之的探索方法，应该定期收集反馈（见图15.7），让团队有规律地汇聚想法。每次迭代探索的时间视情况而定，可能是几个小时，也可能是一周。

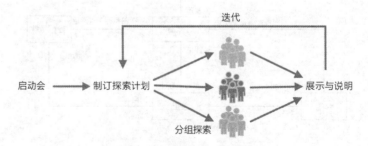

图 15.7 分而治之的探索方法

作用

- 在短时间内探索更多的解决方案空间。

- 比较相似领域的一系列设计想法。

- 给设计人员充分的探索时间。

- 分组探索不同的区域，提高团队探索效率。

持续时间

考虑划分方式可能只需要 20 分钟，也可能需要几个小时（由探索目标和你对探索内容的了解程度决定）。制订计划的时间应该与探索的精度相匹配。如果你不在意探索出现波动和重叠，那么可以少花些时间制订计划。如果要求团队探索很具体的区域，并且必须有结果，那就应该花更多的时间制订计划。

探索的迭代周期最长不应超过一周，最好能控制在几天，甚至几小时以内。

参与者

将团队分成小组，每组二到四人。作为指导者的架构师可以加入其中一个小组，但更合适的做法是在小组间来回走动，随时解决问题并提供指导。

准备事项

先要充分了解问题领域的整体情况，这样才能合理地提出划分方式。可以先列出一组开放性问题和风险列表来辅助划分。选一种方式记录小组的任务。为全体启动会准备 PPT 或要点。

步骤

1. 召开启动会。说明探索的基本规则，并设定每个小组每次迭代后要反馈的内容。最重要的规则是，当所有小组聚集在一起反馈时，每个人都应当一五一十地进行分享（无论他发现了什么）。

2. 划分探索空间。让大家自行组成二到四人的小组。每位参与者都应当属于一个小组，每个小组都应当有一项明确的任务。

划分探索空间既可以采用广度优先的方式，也可以采用深度优先的方式。采用深度优先方式，所有小组探索相同的区域。采用广度优先方式，每个小组探索不同的内容。如果你对通用的解决方案有信心，希望进一步优化它，可以采用深度优先的方式。如果你希望快速降低各个区域的风险，可以采用广度优先的方式。

3. 约定迭代完成时间。提醒大家每次迭代完成后，所有小组要参加展示与说明会议（show-and-tell meeting），分享自己的发现。

4. 记录每个小组的探索任务（或者叫探索计划）。探索任务约定了小组具体要探索什么内容，目标是什么。在展示与说明会议上，所有小组都要展示自己的探索结果，或者解释是什么阻碍了目标的完成。

5. 开始探索。小组可以自行选择合适的方式进行探索。架构师应该时不时检查每个小组的进展情况。

6. 召开展示与说明会议。每个小组展示探索目标和成果，并简要总结他们学到的东西。其他小组可以提问或给出建议。注意记录大家提出的新问题和风险。

7. 如果还有内容需要探索，请转到第 2 步。

指导与建议

• 所有小组都必须在展示与说明会议上做分享。如果小组完全偏离了探索目标，架构师应该给予必要的指导，必要时可以重组小组。

• 为了最大限度地挖掘大家的潜力，可以鼓励不常在一起工作的同事组成跨职能小组。还可以不定期地重组小组。

• 小组人数不宜过多，避免在画蛇添足的设计上浪费时间，或者陷入鸡毛蒜皮的讨论。

• 探索任务应该由小组自己提出。有些小组也许需要你的协助，才能提出能在规定时间内完成的合理任务。

• 在迭代即将结束前提醒小组，让他们有足够的时间为展示与说明做准备。

示例

我们来看一个分而治之的探索案例。某团队的核心任务是创建一组基于云的微服务，前提是尽可能复用原有系统的核心组件。团队花了三周时间探索原有组件的可复用性，以及选择哪些新技术。

表 15.1 展示了第 1 周的探索任务，以及展示与说明会议上的分享内容。

表 15.1　第一周的探索任务

小组	探索任务	展示与说明
1	重构插件框架，判断原有代码库能否复用。	展示重构的主要接口和类，说明计划是可行的。
2	尝试 gRPC 服务。	演示 Ruby 客户端与 Java 服务端的对话。
3	创建概念图并设计微服务分区。	展示初步概念图。说明还有许多工作要做。

　　第 1 小组完成第一周的探索后，决定继续探索原有组件的潜在风险。第 2 小组和第 3 小组则重新进行了组队。

表 15.2　第二周的探索任务

小组	探索任务	展示与说明
1	通过命令行调用原有插件。	比预计的工作量多。说明存在哪些障碍，以及计划如何补救。
2	寻找合适的数据库。	比较三种数据库的优劣（快速浏览其代码）。
3	完善概念图，继续设计微服务分区。	展示概念图和微服务的分区设计。

　　第三次迭代时，各小组已经习惯了这种快节奏的探索和反馈方式。第三周的展示与说明非常具体。

表 15.3　第三周的探索任务

小组	探索任务	展示与说明
1	通过命令行调用原有插件。在上周任务的基础上更新了计划，重点探索容易出问题的几个地方。	演示独立于原有系统的插件运行情况，以及接下来的任务列表。
2	尝试借助 Eureka 构建微服务。	演示部分可用的 Eureka 服务（其中包含两个简单的微服务）。
3	为第一批服务设计 API。	展示初步的 gRPC 原型文件。

第三周结束时，团队已经成功降低了项目风险，可以开始针对具体的微服务进行详细设计了。

15.6 方法 16：事件风暴
Activity 16 Event Storming

事件风暴是用于识别领域事件的一种头脑风暴方法。事件风暴可以作为更深入的领域建模的"前奏"，用于评估团队对该领域的理解，发现领域模型中的风险和不确定性。Alberto Brandolini 的《Introducing Event Storming: An Act of Deliberate Collective Learning》一书对事件风暴有详细说明。

事件风暴可以促进团队与领域专家的交流。领域专家掌握领域知识，但他们与开发人员合作往往不太顺利。事件风暴可以从以下两方面改变这种状况。

第一，事件风暴要求所有参与者积极参与。这意味着领域专家不得不在活动中运用他们的知识。第二，事件风暴鼓励参与者尽量做到详细具体。如果你身边恰好有领域专家，请鼓励他们用清晰的细节描述他们的工作和专业知识。

作用

- 借助可视化的工具促进跨领域沟通和交流。
- 展示大家对系统运行方式的理解，从而发现误解和错误。
- 就问题和解决方案达成共识。
- 用直观的方式展示业务概念及其相互关系。
- 允许表达不同的观点。
- 可以快速尝试多个领域模型，找出概念在哪里起作用，在哪里行不通。
- 就具体例子开展探索，避免抽象的讨论。

持续时间

初步创建一张事件图大约需要 30~45 分钟。整个活动至少需要 90 分钟，以便有足够的时间尝试不同的领域模型。

参与者

必须有领域专家参与。开发团队也要派人参与，利用这次机会进行学习。如果没有领域专家参与，活动结果将很难令人满意。人数没有限制，少至两三个人，多至十几个人都行，根据活动空间和你的经验进行调整。

准备事项

- 多准备大张的白纸、胶带、便利贴（至少六种颜色）和笔。

- 挑选一个房间，将一大张白纸贴在墙上，用于画图。把桌椅等障碍物挪开，以免影响参与者画图。

步骤

1. 确认参与者既有领域专家，也有开发人员，否则应延期举行。

2. 向大家说明活动目标，比如：本次研讨会的目标是画出仓鼠生产线系统的事件图。

3. 介绍领域事件的概念和类型，为每种事件类型指定一种颜色。

领域事件（橙色）：问题领域内发生的事件。领域事件可以是业务流程中的一个步骤。它是事先约定好的，或者是由另一个事件引发的。

用户命令（蓝色）：用户发起的行为。可在命令旁用黄色便利贴记录用户名称。

外部系统事件（紫色）：由外部系统引发的事件。可以在事件旁边用黄色便利贴记录系统名称。

耗时（绿色）：记录消耗的时间（如果有的话）。

结果（白色）：由事件直接引发的可见的业务流程变更。

问题、评论、关注事项（粉色）：这些都是参与者希望进一步讨论的内容，它们指出了哪里可能存在问题。将这些问题与思考记在便利贴上。（暂时不做讨论，让活动继续进行，以免现场出现"分析瘫痪"的现象。）

4. 对参与程度提出要求。你可以这样说："我们希望每位参与者都贡献自己的想法。请大家积极地用便利贴提出事件和想法，不要犹豫。"

5. 确保每个人都有一支笔。每位参与者至少要贴出一个事件。会议主持人应该率先在白纸上贴上便利贴，用这样的方式宣布活动开始。一旦墙上出现了第一个事件，活动就正式开始了。

6. 参与者按照事件发生的顺序从左至右排列事件。如有需要，可以移动已有便利贴，以便腾出空间放置新发现的事件。还可以在已有事件下增加分支事件。

7. 主持人应该随时检查已有事件是否存在问题，比如便利贴在事件流中的位置是否正确，或者是否误将某个抽象的概念当成了事件。发现有问题的便利贴，可以将它旋转四分之一周，让它看起来像个菱形。

8. 鼓励所有参与者一起创建事件图。帮助参与者找到自己能有所贡献的区域，指出需要关注的热点。活动进展顺利的话，在外人看来应该是略显混乱的。

9. 活动进行 15~20 分钟后，如果大家的节奏放慢了（情绪松弛下来），可以提醒大家检查整张事件图，并做必要的修改。

10. 到规定时间后，大家一起对事件图展开讨论。有没有看起来不伦不类的、需要完善的概念？是否存在逻辑漏洞和严重缺陷？

11. 给事件图拍照，把它移到另一面墙上。再贴一张新纸，重新构建一张事件图。记得略微调整规则，以便用不同的方式开展探索。例如，可以拿掉第一张图上的中心概念；或者鼓励参与者采用更具体的描述方式；或者请大家安静地重新构建一张图，尝试把那些之前没能记在便利贴上的想法表现出来。

12. 结束前，要求参与者分享一两件在活动中学到的事情。

13. 条件允许的话，可以把事件图贴在公共区域。给事件图和便利贴拍照，保存起来。事件图和探索过程中发现的成果可以用于更深入的领域建模。

指导与建议

• 确保参与者具有不同的背景。如果没有了解情况的领域专家参与，不妨推迟活动，等有合适的人选再进行。如果全是开发人员参与，得到的只能是技术模型。领域专家与开发人员合作才能创建出可视化的事件流，这才你需要的。

• 多准备笔和便利贴，确保所有人都能方便地取用。大家对这些东西的需求很可能超出你的想象。

• 尽量挑选宽敞的活动空间，最好有一面大墙。多准备些大白纸。如果决定在白板上画图，那么请准备一块足够大的白板。

- 探索真实具体的业务案例，越详细越好，以便发现新事件和极端情况。

- 事先就便利贴的用法（分类）准备一个图例，贴在墙上。

- 活动中主持人可以用提问的方式澄清问题。例如："能举一个例子吗？""你这里指的是什么意思？"对方的回答通常包含重要的内容。

- 鼓励参与者先贴便利贴，再谈想法。

- 规定活动时间有助于提高效率。

变化与调整

本活动的组织方式与《用户故事地图》一书介绍的方式很像。通过调整人员组成，可以得到不同的建模结果。以下是 Brandolini 的一些建议：

- 构建新系统或新项目时，需要具备大局观，应该请尽可能多的利益相关方参与。

- 通过挖掘垂直领域，可以收集实现事件溯源（event sourcing）和 CQRS 系统所需的细节。

- 邀请用户体验专家参与，在事件图上叠加一层用户流程。

- 事件图可以用来发现系统中需要扩展和重构的区域，并充当评估材料。

- 可以邀请新同事和利益相关方一起参与活动，借此向他们传授领域知识。

15.7　方法 17：团队海报
Activity 17 Group Posters

以小组为单位制作海报，展示各自的架构设计理念。该方法非常适合用来总结各种研讨会的成果。

作用

制作多个模型进行比较；建立共识，在更大的范围内传递知识；制作易于对外展示的设计图；快速探索、总结架构设计理念。

持续时间

20~30 分钟。

参与者

二到五人为一组。平时在一起工作的同事应该分在不同的小组。

准备事项

挂图板及配套的翻页纸、笔。

步骤

1. 如有必要，可以先回顾画架构草图的基本方法。

2. 介绍活动目标：所有小组就相同的问题制作自己的海报。

3. 将参与者划分为小组，也可以让大家自己组队。分发翻页纸和笔。

4. 小组经讨论达成共识后，将架构设计画在翻页纸上。

5. 到规定时间后，每个小组用三分钟时间展示讲解自己的海报。展示期间，不允许其他小组提问和评论。

6. 每组展示结束后，给 3~5 分钟，让其他小组提问、评论。

7. 所有小组展示完后，简单总结所有海报的共同特点和规律。

8. 开展记点投票。每人有一票投给自己认为最好的海报；有三票投给所有海报中自己认为最重要的关键点。就投票结果展开讨论。

指导与建议

• 提醒参与者在海报上画好图例，并思考自己画的是哪种架构视图——模块、组件连接器，还是分配结构。

• 除了画结构，还可以画领域模型、序列图、状态图。

• 鼓励参与者记下团队讨论中出现的开放性问题和风险。

• 留意大家的进度，机动地调整活动时间，提高活动效率。

• 在提问和评论环节，提醒参与者多讲事实，少讲"我喜欢……"这样的主观判断。

- 对展示海报的过程录像或录音，以便日后查看。

- 将团队海报挂到日常工作区域。

示例

图 15.8 是一张团队海报的示例，其中展示了两种架构视图（圆点是记点投票时使用的贴纸）。投标者给自己认为最好一张海报投票（海报上方的四个圆点代表这张海报得了四票），其他圆点是投票者认为这张海报中出现的关键点。

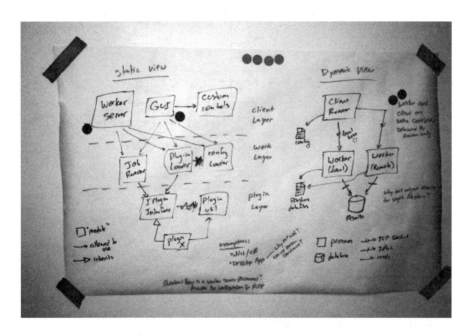

图 15.8　团队海报

15.8　方法 18：循环设计
Activity 18 Round-Robin Design

循环设计方法可以让参与者快速探索新想法，相互学习，达成共识。参与者除了要快速画出架构草图，还要评判同伴的草图，从而了解其他人的想法。活动结束后，参与者除了自己的想法，至少还能收获两个新的想法。

循环设计分为三轮。第一轮，参与者围成一圈，各自画出一副草图。第二轮，流转交换草图，参与者要评判同伴的草图。第三轮，再次流转交换草图，参与者尝试解决另一位同伴草图中存在的问题（见图 15.9）。

该方法也可以用来做合理性检查（见第 17.7 节），或者用来制作团队海报（见第 15.7 节）。

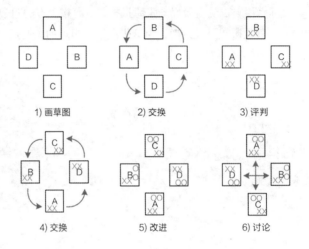

图 15.9　循环设计方法

作用

- 给参与者提供表达想法的机会，分享设计理念。

- 通过约束设计条件提高创造力。

- 将设计想法随机地进行组合。

- 增强团队对设计的共同责任感。

- 让持有不同的想法的参与者达成共识。

- 发现团队思维中的差异性和相似性。

持续时间

15~45 分钟。

参与者

要画架构草图，因此最好由技术人员参与。至少需要三个人，但人数也不宜太多，否则场面容易失控。

准备事项

普通大小的白纸、至少三种不同颜色的笔。

步骤

1. 把纸和笔分发给大家。

2. 确定探索目标，如某种视图、质量属性、模型类型（API、领域模型等）。

3. 每个人用 5 分钟时间画草图。鼓励创新。

4. 每个人将草图递给右手边的同伴（流转交换草图）。

5. 所有人换一支不同颜色的笔，用 3 分钟时间评判收到的草图。直接把意见写在纸上。

6. 将评判完的草图递给右手边的同伴（再次流转交换草图）。

7. 再换一支不同颜色的笔，根据草图上的评判意见修改设计。时间 5 分钟。

8. 将草图还给设计者本人。大家一起针对所有的草图开展讨论。

指导与建议

- 不要提前披露所有的步骤，把流转交换草图当成一个惊喜。
- 草图不必过分拘泥于规范和形式。
- 只要能有效表达想法，怎么写意见都可以。

示例

图 15.10 是一幅经过三轮流转后的循环设计草图。

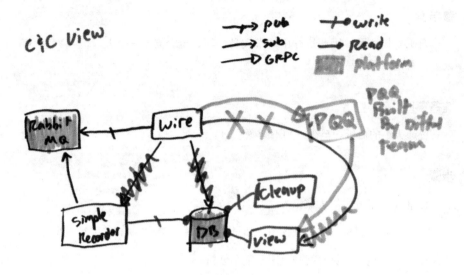

图 15.10 经过三轮流转后的循环设计草图

15.9 方法 19：白板涂鸦
Activity 19 Whiteboard Jam

白板涂鸦可以让大家共同画出反映团队想法的草图。把团队成员召集到一起，给每个人一支笔，让大家一起在白板上画草图，这种事我们都做过。白板涂鸦的不同之处在于它有规定的流程。流程保证了活动的稳定性和效果。

作用

- 让有想法的人公开表达意见。

- 快速评审设计方案，根据反馈迅速进行优化。

- 培养团队协作的氛围，为以后的工作打好基础。

- 允许多人同时参加讨论。

持续时间

由参与人数与探索目标决定。

参与者

所有技术人员都可以参与。具体人数由白板大小和活动空间决定。三到五人是最合适的。参与者可以时不时离开现场。

准备事项

一块干净的白板、各种颜色的白板笔。

步骤

1. 宣布活动目标，把目标写在白板上，让大家都能看到。

2. 鼓励一位参与者率先在白板上画下自己的想法。

3. 请这个人解释自己画的草图。在他解释的同时，其他人可以在白板上添加新想法。如此循环。

4. 草图画完后，主持人给予简单的评价。在白板上写下必须要解决的问题。

5. 大家轮流上前修改白板上的草图，或者重新画一张草图。

6. 继续讨论、调整草图，直到时间用完，或者所有想法都讨论完。

7. 拍照保存，再写一份简单的总结报告，一起放到团队的维基页面上。

指导与建议

- 该方法可以用在各种集体讨论场合，用于澄清问题、捕捉想法。

- 如果讨论中发现关键问题，应该及时记在白板一侧。

- 主持人可以适时暂停活动，提出问题。白板涂鸦一般都适合采用 CSC 迭代（见第 9.1.3 节）的方式进行。

- 鼓励参与，允许一个人解释的同时另一个人画草图。

- 草图作为一种沟通手段只对参与者有意义。草图能唤起参与者的记忆，但对那些不在场的人来说是没有意义的。因此活动中的讨论比草图更重要。

示例

图 15.11 是一次白板涂鸦活动的三幅草图之一。注意右侧列出的要点清单。大家借助这个清单评估设计，共同改进草图。

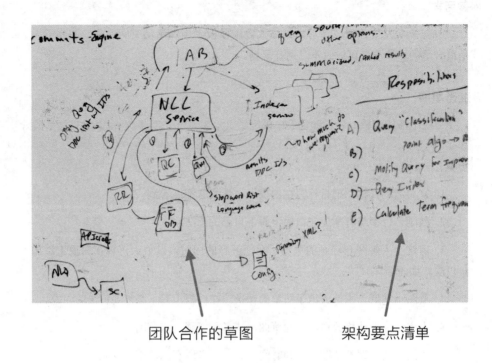

团队合作的草图　　　　　　　　　架构要点清单

图 15.11　白板涂鸦草图

第 16 章

展示设计的常用方法
Activities to Make the Design Tangible

介绍架构光靠嘴巴讲是不够的，应该设法展示出来。展示模式把抽象的想法（如设计概念）转变成可感知的对象，方便分享。将设计展示出来不但可以促进交流，而且可以用来检查设计能在多大程度上满足需求。设法展示的过程也是推演架构的过程。即使只是制作设计草稿，也是一种有用的思维练习。

除了画线框图，还有许多方式展示架构设计，比如制作原型、编写文档、开展实验、比较数据、讲故事，甚至表演。这些都可以用来向他人展示架构设计，而且效果都比单纯的语言交流更好。

本章介绍的方法将帮助你展示架构设计。你可以按照这里介绍的方法自己动手，但我建议你与他人一起合作，那样会更有趣，效果更好。这些方法的耗时一般不会超过 30 分钟。

展示的目的是分享，所以要请团队成员（或利益相关方）评估你制作的展示物。他们应该知道你希望展示什么样的想法。评估也是检查你对问题的理解是否与架构设计一致的过程。第 17 章将介绍常用的评估方法。

16.1　方法 20：架构决策记录
Activity 20 Architecture Decision Records

架构决策记录（ADR）是一种轻量级的记录文本，有现成的模板可用。它对开发者比较友好，是一种经过了时间考验的架构记录方法。记录设计决策有利于共享和分析，而保留决策历史则可以解释架构是如何演变来的。

作用

- 将记录设计决策作为团队的工作任务。

- 架构决策记录可以存放到代码库里，便于查看。

- 与其他展示方法结合，更完整地展示架构。

- 记录架构演变历史。

- 让整个团队都参与设计。

- 利用 ADR 模板训练团队成员的架构思维。

- 方便借助标准开发工具和通用评审流程开展同行评审。

方法讲解

记下关键的架构决策，以及制定决策的背景及其影响。每个文件只记录一个决策。如何判断一个决策是架构决策，而不是细枝末节的设计呢？以下是架构决策具有的一些特征：

- 该决策将对团队或其他组件产生直接的影响。

- 该决策将影响系统中的一个或多个质量属性（无论好坏）。

- 该决策是由业务原因或技术约束引发的。

- 该决策对系统具有深远的、重大的影响，比如框架或技术的选择。

- 该决策将从根本上改变团队开发系统或发布系统的方式。

这里有一个 ADR 模板（见表 16.1）。

表 16.1 ADR 模板

标题　包含 ADR 序号和简单的描述。

背景　用一系列简单的事实说明制定决策的背景。描述影响架构的因素，如技术、能力、以往的决策、业务环境或其他原因。

决策　描述决策。

状态　分为草案、提议、通过、取代、弃用。

结果　描述决策将对系统、利益相关方、团队产生哪些影响（或已经产生了哪些影响），正反两方面的结果都应当记录在册。如果以后出现了新的结果，应该更新此处的内容。

指导与建议

- 每个文件只记录一个决策。

- 按顺序给架构决策记录编号，旧的记录不可删除。如果某个决策被取代或发生了变更，应该在新文件里给出原决策记录的编号。

- 尽量做到简明扼要，一个架构决策记录文件最多不应该超过两页。

- 使用简单易懂的文字。

- 做代码评审时，可以一并评审架构决策记录。

- 将架构决策记录与代码一同存储在代码库里。

- 将架构决策记录与其他展示手段（如架构视图、架构主旨、系统隐喻等）结合起来使用。

示例

这是 Lionheart 项目的一份架构决策记录，是用 Markdown 语法记录的（见表 16.2）。

表 16.2　Lionheart 项目的一份架构决策记录

架构决策记录 7：公共的 GitHub 和 Travis CI

状态：提议

我们将使用 Github 和 Travis 作为版本控制和持续集成系统。所有的团队工作都将在 Github 上公开进行。

背景

市政府要求所有代码以开源的形式发布。Travis CI 是免费的开源软件。系统开源有助于社区建设。我们的团队熟悉 GitHub 的流程和用法。

结果

正面影响

* 所有人都能阅读、编辑代码和文档（纯文本）。

负面影响

* 公务员熟悉新工具后，我们之间的协作将减少。

* 虽然 Markdown 语法适合记录架构决策，但创建与存储图表不太方便。

这里使用的架构决策记录模板是由 Michael Nygard 设计的[1]。网上还有许多类似的例子[2,3,4]。

近年来出现了许多架构决策记录模板，例如 Jeff Tyree 和 Art Akerman 在他们的文章《Architecture Decisions: Demystifying Architecture》中设计了便于根据问题追踪决策的模板。Uwe Van Heesch、Paris Avgerioum、Rich Hilliard 在文章《A documentation framework for architecture decisions》中设计了可以在 IEEE 42010 标准下使用的模板。

---

[1] http://thinkrelevance.com/blog/2011/11/15/documenting-architecture-decisions
[2] https://github.com
[3] http://resources.sei.cmu.edu/library/asset-view.cfm?assetid=497744
[4] https://www.youtube.com/watch?v=41NVge3_cYo

16.2 方法 21: 架构主旨
Activity 21 Architecture Haiku

架构主旨用最简单的形式告诉利益相关方架构中最重要的是什么。架构主旨是只用一页纸描绘的架构视图。

作用

- 思考并清楚表达架构最核心的内容。

- 易于展示和理解，就像一张宣传架构精髓的传单。

- 用作其他文档的参考资料。

方法讲解

架构主旨可以采用多种方式记录（如幻灯片、图片、文本等）。选择任何一种方式都可以，关键是要做到重点突出，形式简洁。架构主旨的内容不应该超出一页纸，通常包含以下内容。

- 简要描述整体解决方案。

- 与核心功能需求有关的重要技术约束清单。

- 重要的质量属性清单。

- 简要解释设计决策，包括逻辑依据和取舍原因。

- 架构风格与架构模式。

指导与建议

- 不要把所有设计内容都写上去，只写最重要的部分。

- 为架构概念建立通用的词汇表，保证大家使用相同的词汇交流。

- 在开始制作前留出探索设计方案的时间。

- 架构主旨不是固定不变的，应该根据实际情况随时进行修改。

- 架构主旨可以作为详细架构描述的大纲或摘要。

- 架构主旨不能代替具体设计。

示例

表 16.3 是 Lionheart 项目架构主旨的一部分。我的网站上还提供了另一个示例[5]。

表 16.3 Lionheart 项目的架构主旨（局部）

项目是公共 web 应用，用于春田市预算办公室管理招标书，帮助当地企业查找招标项目。

业务目标	关键决策与依据
•降低 30% 的采购成本	• 用 Node. js 搭建 web 应用（团队有经验）
•提高本地企业的中标率	• MySQL 数据库（免费，开源）
•将发招标时间缩短一半	• Apache Solr（免费，开源）
最重要的质量属性	•使用 REST 风格的 SOA（组件解耦，团队想尝试新技术）
安全性 > 可用性 > 性能	•用 Java 搭建 web 服务（开源、低风险、工具多）
架构模式	
SOA、分层 web 应用、REST API	

16.3 方法 22：背景图
Activity 22 Context Diagram

背景图展示与软件系统交互的人员及交互关系，可以帮助利益相关方理解软件系统的作用。

作用

- 从全局视角展示与系统交互的各方及其相互关系。
- 展示系统与外部环境的边界。

---

[5] http://georgefairbanks.com/software-architecture/architecture-haiku

- 作为了解系统架构的切入点。

- 确保所有人都理解、认可系统的工作范围。

方法讲解

通常把系统画在背景图的正中间，然后在系统周围画出使用系统（或与之交互）的各种角色、团体，以及其他软硬件系统。用箭头表示不同元素间的关系。

除了线框图，还可以用其他形式表现背景图，比如绘画、故事板、照片等。只要能展示系统与环境的关系及作用就行。有些团队甚至使用视频做展示。

指导与建议

- 只要能表达清楚，可以使用非正式的标记。

- 展示与系统有关的角色和其他系统。

- 用箭头表示元素之间的关系。

- 添加图例，说明标记的含义。

示例

图 16.1 是 Lionheart 项目的背景图。

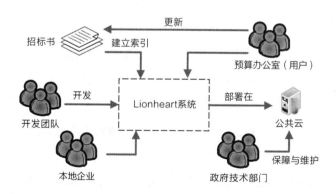

图16.1　Lionheart 项目的背景图

16.4　方法 23：精选阅读列表
Activity 23 Greatest Hits Reading List

系统的记录架构的文档会越来越多。精选阅读列表能帮助大家在一堆文档里找到有用的信息。精选阅读列表也是新同事和利益相关方了解架构的绝佳入口。

作用

- 列出最重要的设计。

- 给出系统设计的背景资料。

- 把各个细节设计完整连贯地串联起来。

方法讲解

精选阅读列表通常放在团队的维基页面上，看上去像带链接的清单。每一项应包含以下信息：

标题　简单的描述性文字。大部分链接都自带标题。

概述　简要说明设计的重要性。读者能从中获得什么？必要的话，还可以给出设计的时间和原因。

警告　有些设计可能不完整或已经过时，有必要提醒读者注意。

指导与建议

- 从读者的角度组织列表。满足同类需求的设计应归为一组，添加组标题。

- 一项设计也许可以用来满足不同的需求。巧妙地利用概述和警告，可以起到导航作用，帮助读者从另一个角度寻找设计。

- 尽量利用已有的设计。如果你要用的模式在某个框架文档或某篇博客文章里有说明，那么请直接给出这些文档的链接，不要重复劳动。

- 除了给出设计链接，还可以给出定义重要架构概念的参考资料的链接。

示例

图 16.2 是某团队代码库中精选阅读列表的部分内容。

WIRE/FIRE/PIRE/TIRE Project: Greatest Hits Reading List

- <u>Context Diagram</u> - Get a feel for the lay of the land
- <u>Inception Deck</u> - Created in the first weeks of the project. Much of what's here has changed but it tells why we're building this system.
- <u>Original system use cases</u> - Largely abandoned but still useful context, skim only.
- <u>ASR Workbook</u> - Mostly up to date. The top quality attributes still apply.
- <u>Checkpoint #2 Presentation</u> - Created in March. Includes the most recent architecture diagrams that were shared with all stakeholders.
- <u>Search and Train sequence diagrams</u> - Shows how different components interact during specific use cases. Useful for availability analysis.
- <u>Layers Overview</u> - Shows how the code is organized

图 16.2　精选阅读列表片段

16.5　方法 24: 启动计划书
Activity 24 Inception Deck

为了避免犯常见的错误，并且帮助利益相关方形成统一意见，在新项目开始时要回答十个重要的问题，这十个问题称为启动计划书。启动计划书一般是在项目初期（即启动阶段）制作，可以记录在 PPT 或简单的文档里。

作用

- 公开重要信息。
- 便于分享给所有利益相关方。
- 确保所有利益相关方对重要的系统问题有共同的理解。
- 在新项目开始时讨论重要信息。

方法讲解

收集制作启动计划书所需的信息可能需要几天甚至几周的时间，但收集完毕后，制作启动计划书大约只需要十几分钟。启动计划书的问题可以根据项目需要进行修改，本书列出十个问题供读者参考。

请回答下面十个问题，将答案记录在任何便于分享给利益相关方的文档里。

1. 要解决什么问题？

简明扼要地描述你要解决的问题。

2. 愿景是什么？

简洁清晰地描述软件系统如何解决问题。Rasmusson 建议就这个问题对大家进行游说（elevator pitch），以获得大家的认同。

3. 实现什么价值？

列出项目的业务目标（参见第 4.3 节）。

4. 项目范围是什么？

列出已知的优先级最高的功能需求。一般来说，它们都是系统必须具有的核心功能。再列出明显超出范围的功能，以及待确定的、有可能对架构产生重要影响的功能。

5. 关键的利益相关方是谁？

列出关键的利益相关方，以及他们最关心的事情。

6. 基本的解决方案是什么？

给出概念性的架构草图，可以是非正式的图表（比如第 10.1.5 节介绍的粗略视图）。

7. 主要风险是什么？（什么会导致项目失败？）

列出项目当前面临的重大风险。描述风险的方法可以参考第 3.3.1 节。

8. 有多少工作量？成本是多少？

根据你所知道的项目范围和概念性架构，估计项目的工作量和成本。给出你对团队规模和技能水平的要求。

9. 根据什么进行权衡取舍？

在做艰难的决策之前，大家要对利弊取舍开展坦率的讨论。其中四个重大方面分别是范围、成本、进度、质量。优先级高的质量属性如果相互有冲突也需要讨论（参见第 14.1 节）。

　　10. 何时交付？

　　与利益相关方讨论交付软件所需的时间，同时初步确定关键的项目里程碑。起草项目计划或项目进度表。这个计划草案以后可以根据实际情况修改，因此不必追求完美。

　　制作完启动计划书后，请利益相关方检查，根据反馈意见做进一步的调整。

指导与建议

* 把这十个问题作为启动项目的检查清单。

* 定期回顾启动计划书，以免遗漏要点。

* 启动计划书不一定要做成精美的幻灯片，用简单的 Markdown 语法记录也行。关键是要回答问题。

* 制作启动计划书的精力应当与项目的规模和成本相匹配。例如，一个两周的项目不能花一周时间写启动计划书；而一周时间很可能不足以为一个大型的、多团队项目制作启动计划书。

示例

　　Jonathan Rasmusson 在网上公布了一份启动计划书[6]，可以当做精彩的示例。

16.6　方法 25：模块化分解图
Activity 25 Modular Decomposition Diagram

　　模块化分解图展示架构是如何由不同的抽象模块组成，形成一个整体的。它通常是树形图，可以展示不同抽象粒度的模块关系。

　　模块化分解是一种常用方法，还可以用在代码包管理、制作组织结构图，以及项目规划时的工作结构细分中。

---

[6] https://agilewarrior.wordpress.com/2010/11/06/the-agile-inception-deck

作用

- 给各种抽象粒度的模块命名。

- 用于完善架构。

- 分析系统组织的一致性。

- 降低理解系统的复杂性，同时又不丢失各元素的可追溯性。

- 促进对架构的系统性思考。

方法讲解

　　模块化分解图通常都是以树形结构绘制的。树的根节点是系统。树的每个层级都对某个模块进行分解，展示更多的细节。在大型系统中，末端的叶子节点可能代表由某个团队负责实现的模块。在较小的系统中，末端的叶子节点可能代表架构中的包或类。

　　树的每个层级都是对架构概念的一次划分和组合，它展示了这些概念与更宏观的概念以及更微观的概念之间的关系。

指导与建议

- 可以借助分解图来推演质量属性（如敏捷性、可维护性、上市时间、成本、可构建性、可部署性等）。

- 借助软件工具画树形结构更方便。

- 如果图太大，可以将大图拆成多张小图。注意标注图与图之间的关系。

- 除了通过父节点发生连接，叶子节点之间不应相互连接。

示例

　　图 16.3 是一个叫 Chameleon 的系统的模块化分解图。

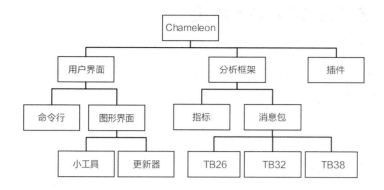

图 16.3　模块化分解图示例（1）

图 16.4 是另一种形式的模块化分解图，它提供了一些新的信息。在这张图中，模块面积的大小代表了模块中包含的技术债务的多少。

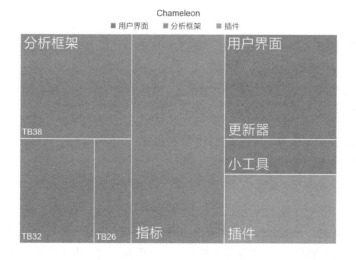

图 16.4　模块化分解图示例（2）

16.7　方法 26：未采纳的决策
Activity 26 Paths Not Taken

记录未采纳的架构决策，并简要给出放弃的理由。这些记录可以作为以后决策的参考和逻辑依据。

作用

- 帮助后续设计人员回顾决策过程。

- 避免事后与利益相关方展开"你有没有考虑过……？"的对话。

- 为设计决策提供额外的逻辑依据。

方法讲解

列出你考虑过但最终放弃的设计决策，以及放弃的原因。列表可以用最简单的文本存放。

指导与建议

- 每一条记录应该只针对某一特定的视图或设计决策，不要试图涵盖所有设计决策。

- 做到简明扼要，只记录必要的信息。做到让读者理解决策内容，以及未被采纳的原因即可。

- 可以结合其他方法构建更完整的架构描述。比如与架构决策记录（见第 16.1 节）、架构主旨（见第 16.2 节）结合使用。

示例

表 16.4 是一个混合云项目未采纳的决策。该项目要求软件安装包能够与快速演变的云平台持续集成。该软件安装包每季度更新一次。决策的重点是解决两个平台的集成。

表 16.4　混合云项目未采纳的决策

未采纳的决策	未采纳的原因
创建基于云的"服务适配器"，以缓冲第三方服务引起的变化。	维护成本太高；它带来的效果以及对质量属性的提升不是最小可行版本要求的；成本大于收益。
将适配器作为开源代码发布，让客户自己加载。	麻烦的部署方式将降低客户对产品的接受程度；客户会担心默认安装有安全隐患；培训客户和顾问会增加成本；不会降低维护成本。
提供客户端库	客户端库往往是过时的（服务不断更新，而软件安装包每季度才更新一次）。客户必须同时学习云服务与客户端库的使用方法。写文档增加了成本。很有可无法在截止日期发布。
不在客户端软件中对 web 服务集成提供新的支持。	不能提升用户体验。新兴的模式和范式出现后，客户还是需要指导。

　　最后项目组决定为高优先级的用例提供示例代码。团队不负责维护示例代码。客户可以自己选择使用示例代码，或者对它进行扩展。利益相关方认为这样做在成本和价值之间取得了恰当的平衡。先发布最小可行版本，让产品经理收集关于集成有效性的数据，再决定如何修改架构。

16.8　方法 27：制作原型，用于学习或决策
Activity 27 Prototype to Learn or Decide

　　有时，学习的最佳方式是动手实践，在软件开发领域尤其如此。制作原型可以让我们检验假设，收集信息，获得经验。

　　当我们需要了解事物的运转方式时，制作原型可以学习到新知识。当我们需要在多个方案中做选择时，制作原型可以收集必要的信息，以便我们做出决策。

　　制作原型用于决策就像进行一项实验。我们假设某个技术或模式可以解决特定的问题，制作原型的目的就是检验这个假设。

作用

- 收集一手信息。

- 收集用于决策的数据。

- 让利益相关方体验系统某个部分。

- 快速低成本地开展学习。

方法讲解

制作原型往往很难把握分寸，不是做出的原型太简单，发挥不了作用，就是设计过度，制作成本太高。为了提高效率，在动手之前最好制定一个计划。以下是制作原型的基本步骤。

1. 定义原型的学习目标和范围。这个原型要帮助你回答什么问题？

2. 确定制作原型的预算和时间。为了达到学习目标，你愿意投入多少成本？什么时候截止？应该尽可能地限制成本和时间。

3. 确定结果的交付方式。原型要给谁看，该如何展示？软件演示、白皮书、演讲，还是其他形式？

总的目标是尽可能快速、低成本地制作原型。制作完成后，还要检查原型是否符合事先制定的计划。如果达到目标，原型就算完成了，接下来可以分享了。

原型完成后，做好必要的整理，以便日后可以再次使用。将代码和使用说明存档，供以后参考。

指导与建议

- 完成学习目标不一定要写代码，能不写就不写。

- 事先确定原型是要用于后续开发，还是用完就丢弃的。

- 密切关注原型制作者。为了按时完成原型，在制作细节上不能追求完美。许多坚持只出精品的开发人员也许难以接受这一点。

- 限制时间，只留出必要的制作时间。

- 在开始制作前，与制作者一起构思一个粗粒度的原型设计方案。

示例

先讲一个制作原型用于学习的例子。某团队需要了解 Apache Solrg API 的性能瓶颈。为此，一位开发人员花了一周时间用 Apache JMeter[7] 开发了一个简单的测试程序，通过几次负载测试，收集了数据，并撰写了一份两页纸的总结报告。使用 Apache JMeter 让团队以最低成本快速完成了对数据的收集。

再讲一个制作原型用于决策的例子。某团队要在两个服务端 web 框架中挑选一个。为此，团队分别用这两个框架实现了简单的博客应用程序，总共耗时两天。最后，团队通过对比原型的优缺点，选择了其中一个框架。

16.9 方法 28：时序图
Activity 28 Sequence Diagram

在纸上表现动态结构不容易，但可以使用时序图（sequence diagram）展示数据在系统运行时的流动情况和系统的控制情况。时序图可以很好地展示逻辑流、数据流，以及组件之间的相互控制。

作用

- 用法简单灵活。

- 同时支持图形与文本注解。

- 有助于沟通和推演。

- 有丰富的工具可用（尽管不一定要用工具）。

方法讲解

1. 选择要绘制的场景，以场景名作为图的标题。

2. 在顶部平行列出场景中涉及的组件，称为对象（participant）。在每个对象下方画一条垂直的生命线（life line）。从启动场景的对象开始，从左到右列出所有对象。

3. 在有通信的对象之间画上带箭头的连线（以一个对象的生命线为起点，另一

---

[7] http://jmeter.apache.org

个对象的生命线为终点）。箭头代表这些组件之间的通信过程。可以在连线上方标注消息。

4. Y 轴向下的方向代表时间，因此后产生的消息应该画在比前一个消息更低的位置。

图 16.5 是一个简单的时序图示例。

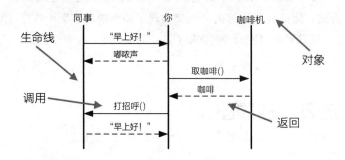

图 16.5　简单的时序图

指导与建议

- 时序图可用于推演分布式系统、微服务、对象通信和其他动态结构。
- 只要保持前后一致，可以使用非正式的文字标注。
- 实线实心箭头代表同步请求消息（synchronous request message）。
- 实线分叉箭头代表异步请求消息（asynchronous request message）。
- 带虚线的箭头代表响应消息（response message）。
- 使用可以从文本生成时序图的工具，这样可以把时序图和代码存在一起。

示例

图 16.6 是一组微服务的时序图，功能是将一件商品保存到购物车。它是用 JS Sequence Diagrams[8]生成的。

---

[8] https://github.com/bramp/js-sequence-diagrams

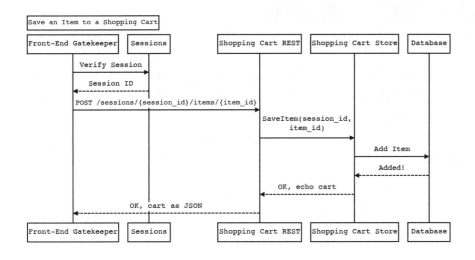

图 16.6　将商品保存到购物车的时序图

以下是用来生成这张时序图的标注文本：

Title: Save an Item to a Shopping Cart

Front End Gatekeeper -> Sessions: Verify Session

Sessions --> Front End Gatekeeper: Session ID

Front End Gatekeeper -> Shopping Cart REST:

POST /sessions/{session_id}/items/{item_id}

Shopping Cart REST -> Shopping Cart Store:

SaveItem(session_id,\n item_id)

Shopping Cart Store -> Database: Add Item

Database --> Shopping Cart Store: Added!

Shopping Cart Store --> Shopping Cart REST: OK, echo cart

Shopping Cart REST --> Front End Gatekeeper: OK, cart as JSON

画时序图很容易发现设计的缺陷。例如上图的第一步 Verify Session 就可以用来检验是否需要关闭会话。比如用户想在商品加入购物车之前查看商品，那么 Gatekeeper 调用的这个 API 就是多余的。从时序图中我们很容易发现是否存在对用户会话状态的不恰当假设。

16.10 方法 29：系统隐喻
Activity 29 System Metaphor

系统隐喻是一个简单的比喻（或故事），用于说明系统对特定质量属性的影响。系统隐喻是 Kent Beck 在《解析极限编程：拥抱变化》一书中提出的，目的是为架构创建愿景和词汇表。

作用

- 简单易用，尤其适合在架构发生快速演变时使用。

- 可以与其他架构描述方法结合使用。

- 容易生成，易于修改。

方法讲解

在《Making Metaphors That Matter》一文中，我和 Michail Velichansky 总结了创建有效系统隐喻的建议。合格的系统隐喻通常要满足以下要求。

- 只针对系统的单个视图。

- 只针对一种结构。

- 对设计决策提供清晰的指导意见。

- 阐明系统属性。

- 基于团队的共同的经验。

- 推论：好隐喻也需要清晰的说明。

所有系统的隐喻都携带着额外的信息——创建隐喻时开展的讨论和绘制的图表。隐喻是这些信息的引子，它的作用是帮助团队成员回忆这些重要的细节。

指导与建议

- 挑一个有趣的、让人印象深刻的故事。

- 故事要具体，突出系统与众不同的方面。

- 如果找不到共同的经验，那就营造一次共同的体验。

- 流行文化和食物常常可以用作隐喻。

- 架构模式与系统隐喻的目标是一致的，也可以借用。

示例

在 Lionheart 项目中，我们计划开发一个简单的数据爬虫。它从政府的合同数据库中抓取数据，进行标准化处理，然后加入搜索索引里。为了高效地完成这项工作，我们需要一个多线程爬虫。但这里有一个问题，如果爬虫程序太激进，可能会导致数据库崩溃；而如果爬虫太慢，可能无法及时建立索引。

为了仔细思考这个问题，也便于分享设计思路，我们建立了下述系统隐喻：

电影《报童传奇》讲述了 1899 年纽约市报童罢工的故事。那时，报童每天早上从分发中心购买报纸，然后再卖给纽约市民。我们的爬虫线程就像报童一样——每个线程访问一个分发中心，向数据库请求获取一些行数据，经处理后加入索引。未获取的数据暂时不予记录。就像报童第二天可以继续卖报纸一样，爬虫也可以继续抓取数据，从而补充遗漏的数据。

让我们根据前面的要求检查这个隐喻是否合格。

- 只针对系统的单个视图。这个隐喻针对的是单一组件的视图（爬虫的线程模型）。没问题。

- 只针对一种结构。它只针对 C&C 结构，不涉及混合模型。没问题。

- 对设计决策提供清晰的指导意见。"报童"从数据库获取若干行数据，处理后添加到索引里。一行数据只能交给一个"报童"，而且一旦交给它，就由它全权负责。没有抓取的数据直接跳过。没问题。

- 阐明系统属性。这个隐喻描述了性能问题。我们可以通过控制同时工作的"报童"数量来限制爬虫的激进程度。没问题。

- 基于团队的共同的经验。《报童传奇》是 Christian Bale 主演的一部经典电影。如果团队成员还没看过，那就点些披萨，举办一次愉快的观影活动（还能起到团队建设的作用）。没问题。

第 17 章

评估设计方案的常用方法
Activities to Evaluate Design Options

评估模式帮助我们检查设计决策，确定它们满足需求的程度。设计不必追求完美，但至少应该够用。我们的目标是找到够用的架构，满足需求。解决方案只要够用就是合适和恰当的。

评估可以帮助我们发现不够用的架构部分。我们也许会发现自己对细节的理解还不充分。也许看起来不错的设计却有着不可接受的弊端（忽略了重要的约束，或者引入了过多的风险）。这种事知道得越早越好。越往后，修改决策的代价就越高。

评估结束后，我们应该有充足的信息来决定下一步采用哪种思维模式。TDC循环（见第 2.3 节）的检查阶段当然需要用到评估模式，思考阶段同样也需要。

评估应该是一项持续开展的活动。等到设计结束时才做评估，很可能为时已晚。因此每一步工作都应该做评估。这样，只要我们认为某个部分的架构设计是恰当和合适的，就可以进一步完善它的细节。架构的所有部分在开始构建之前都应该准备充分。

本章介绍的方法可以帮助团队深入了解架构，收集采取行动所需的信息。这些方法既可以用来验证假设、选择设计方案，也能帮助你决定下一步要做什么。

17.1 方法 30：架构简报
Activity 30 Architecture Briefing

架构简报是一份简短的、帮助利益相关方了解架构最新情况的报告。报告结束后，参与者应当能就架构提供有意义的反馈意见。

架构简报是传统建筑设计师向客户汇报情况的常用方法。软件开发行业采用它已经数十年了。

作用

· 让利益相关方迅速了解最新情况，以便他们能够就设计提出问题，指出有疑问的地方。

· 形成对架构的共同责任感。

· 让更多的利益相关方提供反馈，从不同的角度对设计进行评估。

· 提高架构决策的可靠性。

· 提供相互学习的机会。团队成员将接触到其他人的架构设计，并且练习阐述自己的设计。

持续时间

45 分钟到 1 小时。做报告的时间不应超过 30 分钟，剩下的时间给听众提问和反馈意见。

参与者

架构师就架构简报的内容做报告。邀请利益相关方以及第三方的专家作为听众。报告会应该邀请尽可能多的听众，包括那些对当前架构一无所知的人。

准备事项

· 制作简报，常见的形式是幻灯片，当然也可以借助白板发表演讲。一般来说，准备简报的时间不应超过报告时间的两倍。例如，一场 30 分钟报告的准备时间大约为 1 个小时。

· 听众应该携带笔和纸，用于记笔记。

步骤

1. 介绍架构师，以及听报告的基本要求：

听众的目标：质疑一切。

请听完报告再提出问题和意见。

集中注意力，做好笔记。

请思考：设计还缺少什么？你自己的经验是什么样的？你认同这些决策吗？你理解决策的原因吗？

请尊重做报告的人。别忘了，你以后也要做报告的！

---

2. 架构师做报告。若在规定时间内没有完成，也应该停止报告。

3. 请听众提问。团队成员可以帮助架构师回答问题。

4. 最后感谢大家的参与。

指导与建议

- 定期在相同时间、相同地点举办报告会。

- 报告会结束后可以把 PPT 发给大家，如果有录音，也可以发给大家。

- 指定一名记录员在提问与回答环节做速记。

- 听众的问题可以是尖锐的，但应当具有建设性。

示例

下面是一份架构简报的大纲，读者可以根据自己的系统类型做适当修改。

我们要解决什么业务问题？

概述和背景

关键质量属性

相关视图

关键设计决策及逻辑依据

还考虑过哪些方案

当前进度：质量、余下的工作、下一步的行动

成本

最大的风险和其他需要注意的地方

未来计划

Halloway 在他的 GitHub 上提供了一份简报和一份报告大纲[1]，可供参考。

17.2　方法 31：代码评审
Activity 31 Code Review

代码评审是指在开发过程中定期站在架构的角度对代码进行检查，它属于同行评审（peer review）。代码评审是所有开发团队都应该采用的方法，不仅要检查代码，还要同时考虑代码能否满足架构需求。

在开发过程中定期检查代码，评估代码能否实现既有设计，有助于防止架构变异。代码评审还能收集开发过程中发现的设计问题，以便做进一步分析。

代码评审还是绝佳的学习机会。你可以借机指导团队成员补习架构原则和架构模式。留心大家对架构的理解是否存在偏差，防患于未然。

作用

- 加深开发人员对架构设计的印象。

- 站在架构的角度检查代码细节。

- 发现可能导致架构问题的隐患。

- 完善设计细节。

- 提高团队的架构设计能力。

---

[1] https://github.com/stuarthalloway/presentations/wiki/Architectural-Briefings

持续时间

在整个项目开发过程中定期开展。代码评审可能只需要 10 分钟，但需要更多时间解决发现的问题。

参与者

团队成员。一位成员给出自己的代码，其他人做检查并提出反馈意见。

准备事项

准备待评审的代码、补丁，或者发送 pull request 通知。

步骤

1. 快速阅读变更集，对变更范围形成整体印象。

2. 按你习惯的方式进行评审，重点检查设计细节、代码风格、缺陷。

3. 第一次评审完成后，思考变更集对架构产生了哪些潜在影响。稍后的示例给出了评审过程中你需要关注的方面。

4. 发现问题可以添加注释。如果发现同事存在理解上的偏差，可以给出参考资料。

5. 评审完成后，直接与代码作者进行沟通。架构问题通常需要做进一步的讨论。

6. 回顾评审结果。这些问题是否可以通过组织学习或完善文档避免？设计决策是不是应该做更明确的阐述？将组织学习或完善文档的任务加到待办列表中。

根据代码评审所用的工具和实际情况，可以灵活调整上述步骤。

指导与建议

- 选用能与版本控制系统和构建工具集成的代码评审软件。

- 每次评审的工作量往往不大。注意检查的重点会随时间逐渐发生变化。

- 借助其他方法快速解决问题。例如，如果发现同事存在理解偏差，可以采用结对编程或白板涂鸦（见第 15.9 节）解决。

• 架构可能随时间变化，这是正常的。从架构师的角度看，代码评审的主要目标是提高团队对设计决策的认识，监控架构的实现过程，并引导大家适应架构的变化。

• 代码评审不能代替设计评估。代码评审可以防止架构漂移，还能让你更了解自己的团队，从而更好地为大家服务。

示例

这里给出一份代码评审检查清单，它可以提醒评审者检查哪些方面。除了检查代码能否满足架构需求，你还应该从以下几个方面检查代码：

正确性　代码的变更部分是否与现有架构建立的模式一致？是否存在与现有模式相抵触的地方？是否需要重构代码，或者采用现成的架构模式，以便让期望的模式变得更加明显？

一致性　检查命名。这些概念是否有意义？有没有让你感到意外的命名？你能在头脑中形成代码工作的情境吗？代码与你的预期有多大的出入？

可测试性　变更是否包含清晰的单元测试？每一次构建都通过测试了吗？测试是否存在不稳定或不一致的情况？是否正确使用了控制反转等常见模式？

可修改性/可维护性　是否有应当通过配置注入硬编码的常量或值？代码可以变得更灵活吗？是否引入了新的依赖？引入的原因是什么？这样做对吗？

可靠性　异常处理是否前后一致？是否存在错误以意外或未处理的方式存在的可能性？系统是否能在适当时进行重试？在没有可执行的恢复操作时，系统是否会很快失效？如何在设计中加入对错误（包括人为错误）的预防机制？

可伸缩性　代码是否存在占用大量内存的可能性？算法是否高效？是否在适当的时候使用了线程安全的数据结构？

17.3　方法 32：决策矩阵
Activity 32 Decision Matrix

决策矩阵可用来比较各种设计方案，以便做出决策。它也可以用作设计的逻辑依据。

作用

- 比较各种模式、技术、框架。

- 用可视化的方式展示各种方案的优劣。

- 突出比较的重点。

- 借此展开对备选方案的讨论。

持续时间

取决于备选方案与评估因素的数量。

参与者

架构师指导大家填写矩阵内容。利益相关方验证评估因素。

准备事项

确定关键架构需求列表（如用于比较的各种质量属性场景）。至少确定两个备选方案用于比较。

步骤

1. 确定评估因素。与利益相关方合作，就用于比较的因素取得共识。

2. 建立评估准则。与利益相关方一起决定评估标准（见第 12.2.2 节）。

3. 分析比较，填写矩阵。

4. 将比较结果分享给利益相关方。

指导与建议

- 无法进行定量分析时，请使用定性比较。比如，只有运行测试，才能对性能和可用性进行量化。

- 一次考虑的因素不应多于七项。

- 一次最多比较五个设计方案。如果有大量备选方案，则应该使用多个矩阵。

- 填写矩阵时做好笔记。你的分析可以作为决策依据，它与结果一样重要。

示例

表 17.1 是 Lionheart 项目的决策矩阵（详细情况请参考第 6.3.2 节）。

表 17.1　Lionheart 项目的决策矩阵

	三层模式	发布订阅模式	面向服务架构模式
可用性（数据库可用）	+	0	+
可用性（正常运行时间要求）	0	0	0
性能（五秒响应时间）	0	-	+
安全性	0	-	0
可伸缩性（年增长 5%）	0	0	+
可维护性（团队知识）	+	-	0
可构建性（实施风险）	++	-	--

17.4　方法 33：观察系统表现
Activity 33 Observe Behavior

该方法是指在系统中添加分析工具，以便直接观察系统表现。观察结果可以用来回答有关系统质量属性和架构需求方面的问题。一旦分析工具就位，就可以观察系统正常运行的情况，或者向系统注入刺激源来测试某个质量属性场景。

观察系统表现是分析质量属性的好办法，但它要求在设计架构时就考虑好如何实现系统的可观察性，并逐步加以实现。

作用

- 持续监控系统，验证设计假设。

- 直接测试质量属性的提升程度。

- 生成可分享给利益相关方的具体指标。

持续时间

取决于待分析的内容和系统的可观察性。

参与者

一位或多位开发人员。

准备事项

系统应该可以运行（或部分运行），这是添加分析工具的前提条件。如何添加分析工具是架构设计的一部分。事先就要决定选择哪个框架，如何存储数据和开展分析。

步骤

1. 确定分析目标。你要回答什么问题？可以借助 GQM 研讨会（见第 14.3 节）确定备选指标以及计算这些指标所需的数据。

2. 决定如何生成数据并设计测试来驱动系统。

3. 向系统添加分析工具和日志。在正式测试前，检查添加是否成功。你可不希望做了一周测试，结果却发现日志无效！

4. 开展测试，或者让系统正常运行。

5. 数据收集完毕后，开展分析。计算指标，回答第 1 步提出的问题。如果无法回答问题，那么请调整后再次测试。

6. 将测试结果分享给利益相关方。

指导与建议

• 可观察性是一种质量属性，必须在设计架构时加以考虑。只要架构具备生成和收集系统事件的能力，即使系统已经交付使用，也能添加分析工具。

• 把收集的数据用于自动分析，比如把指标添加到系统仪表盘（dashboard）和报警系统里。

• 理论上，系统所有的运行属性都可以观察，包括安全性、性能、可用性、可靠性等。

示例

有些架构模式（如第 6.3 节介绍的发布-订阅模式）天生具有可观察性。所有现代分布式系统（尤其是微服务）都必须具备可观察性。

网飞公司（Netflix）在这一领域做了大量工作，并将大部分成果都开源了[2]。他们开发的 Hystrix Dashboard[3] 可以用来观察 Hystrix 容错库生成的指标。Simian Army[4] 则可以用各种方式刺激面向服务的系统。

你还可以借助第三方的日志平台来记录观察到的信息。这些平台包括 Loghide[5]、 Splunk[6]、Graylog[7]。你可以挑选一个来存储和分析系统事件。请记住，尽管这些工具非常强大，它们的作用在很大程度上取决于你的系统设计。

17.5　方法 34：问题-评论-关注事项
Activity 34 Question–Comment–Concern

该方法旨在鼓励整个团队参与架构讨论：我们知道什么，不知道什么，哪些地方让人担心。借助头脑风暴发现理解上的偏差、阐明问题、澄清事实。

问题-评论-关注事项中的评论可以用来快速解决问题，尤其是因为理解上的偏差而产生的问题。架构师还可以通过提问开展简单的合理性检查（见第 17.7 节）。

作用

- 公开讨论问题和答案，促进知识共享。

- 找到系统中风险高、棘手的部分，并突出展示出来。

- 确定需要进一步研究和探索的区域。

- 培养团队对架构的共同责任感。

---

[2] https://netflix.github.io
[3] https://github.com/Netflix/Hystrix
[4] https://github.com/Netflix/SimianArmy
[5] https://www.elastic.co/products/logstash
[6] https://www.splunk.com
[7] https://www.graylog.org

持续时间

30~90 分钟。

参与者

开发团队成员，3~7 人为宜。

准备事项

- 架构视图。可以提前打印好，也可以临时画。
- 三种颜色的便利贴、笔、大张白纸或白板。

步骤

1. 宣布讨论目标，例如：我们要搞清楚在架构设计上，哪些事是我们可以确定的，哪些是我们还不能确定的，哪些地方最让人担心。

2. 画出相关架构草图。所有人都应该参与在白板或纸上画架构草图。

3. 大家在便利贴上写下自己能想到的问题、评论、关注事项。一张便利贴上只写一个主题，然后将它贴在对应的视图里。

4. 到规定时间后，宣布活动停止。

5. 观察与思考。我们能从白板上发现什么？便利贴的分布有没有值得注意的地方？是否存在大家都特别担心的区域？

6. 归纳总结。逐条朗读便利贴上的内容，记下反复出现的主题。

7. 决定下一步的行动计划。讨论后续应当采取哪些行动，分配任务。

指导与建议

- 约定问题、评论、关注事项分别写在哪种颜色的便利贴上。附上图例。

- 评论既可以是事实、新想法、知识点，也可以是对问题的回答。如果是回答问题的便利贴，应该贴在要回答问题的上方。

- 关注事项可以是发现的问题、风险，或者对架构的担忧。

- 留心大家写的问题便利贴。它们往往代表着理解上的偏差和误解，或者需要深入探索的地方。

示例

图 17.1 是用白板涂鸦（见 15.9 节）绘制的架构草图。注意图上便利贴的摆放方式。

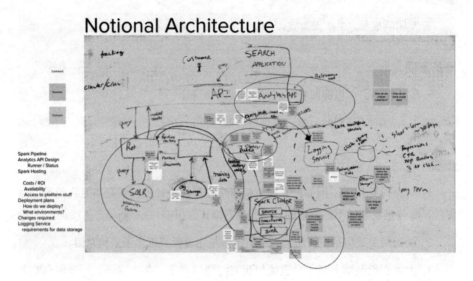

图 17.1 架构草图与便利贴

17.6 方法 35：风险风暴
Activity 35 Risk Storming

风险风暴的作用是发现架构中的风险，它是由 Simon Brown 在《程序员必读之软件架构》一书中提出的。

作用

- 迅速识别架构中的风险。

- 将风险高低用可视化的方式展示出来。

- 在架构需求的范围内识别风险。

- 提高团队成员对架构的关注程度。

持续时间

60~90 分钟。

参与者

3~7 位开发人员。参与者必须熟悉架构。有经验的开发人员可以自行组织。

准备事项

- 架构视图。可以提前打印好，也可以临时画。

- 三种颜色的便利贴、笔、大张白纸或白板。

步骤

1. 宣布活动目标。例如：寻找风险，并确定风险的严重程度，以便决定接下来采取什么行动。

2. 画出相关架构草图。所有人都应该参与在白板或纸上画架构草图（由若干视图组成）。

3. 大家在便利贴上写下自己能想到的风险。一张便利贴上只写一项风险。用不同颜色的便利贴代表风险的严重程度。橙色代表高风险，粉色代表中等风险，紫色代表低风险。风险的严重程度由其发生的可能性、后果、时间共同决定。

4. 将便利贴贴到对应的视图里风险可能发生的区域。

5. 查看风险的分布情况，对风险的严重程度排序。开展讨论。

6. 商量解决策略，制定下一步行动计划。

指导与建议

- 将便利贴直接贴在图上。

- 把重复的风险叠在一起。

- 留时间开展讨论。这是最重要的部分。

- 草图不宜过多（二到三张为宜）。草图太多会让人不知所措。

示例

下面是某次活动的议程：

介绍活动目标　＜ 5 分钟

画架构草图　15~20 分钟

提出架构中存在的风险　7~15 分钟

讨论并对风险的严重程度排序　15~30 分钟

商量解决策略　10~15 分钟

总结与回顾　＜ 5 分钟

图 17.2 是某次风险风暴活动中使用的白板。左侧的图例说明了高中低三种严重程度的风险应该分别写在哪种颜色的便利贴上。从图中很容易看出哪些区域风险比较密集（值得格外关注）。

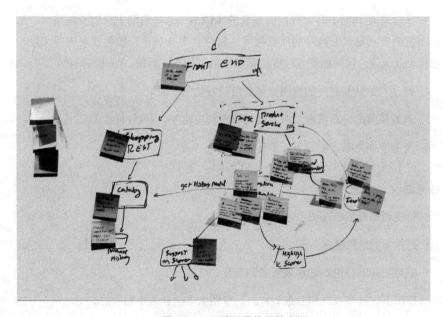

图 17.2　风险风暴使用的白板

17.7 方法 36：合理性检查
Activity 36 Sanity Check

合理性检查可以快速揭示团队的沟通或理解中存在的问题。它可以用来确认所有人的理解是否一致，同时也为改进团队的工作方式和设计方法提供机会。

设计合理性检查时，不妨回忆一下你上小学时害怕的那些小测验。关键是要促进团队对架构的思考。设计研讨会有时会以口头的合理性检查结尾。

作用

- 加强团队的架构责任感。

- 尽早识别由误解和认知偏差引发的问题。

- 记录团队认为对设计至关重要的知识。

- 发现完善设计和改进沟通方式的机会。

- 发现尚未发现的盲点。

持续时间

5~10 分钟。

参与者

所有团队成员。指定其中一位成员设计合理性检查。

准备事项

事先设计好测验或检查的方式。

步骤

1. 介绍合理性检查的目标：发现认知偏差，改进工作流程。

2. 开展测验。

3. 检查答案。就错误的答案展开讨论。

4. 决定是否采取进一步行动。

指导与建议

- 不要花太多时间。合理性检查应该可以在 5 分钟左右完成。

- 合理性检查的目的是发现认知偏差，不要凭结果来惩罚或奖励参与者。

- 团队成员可以轮流设计合理性检查。

- 定期开展检查。例如，可以在每周的例会上开展检查。

- 检查可以采用多样化的形式，既保证新颖有趣，又能揭示各种认知偏差。

示例

合理性检查可以采用多种形式，例如：判断、填空、多项选择、连线配对等。图 17.3 是一个合理性检查的示例。团队成员通过简单的配对游戏，回顾了选择技术方案的逻辑依据。

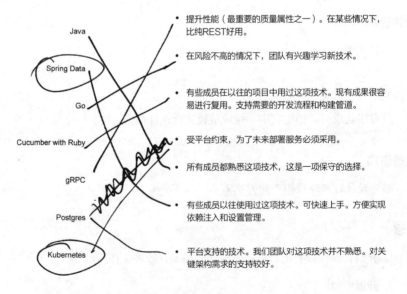

合理性检查：技术方案的选择

测验说明：将每一项技术与选择它的逻辑依据连起来。圈出你不知道我们在使用的技术。

Java

Spring Data

Go

Cucumber with Ruby

gRPC

Postgres

Kubernetes

- 提升性能（最重要的质量属性之一）。在某些情况下，比纯REST好用。

- 在风险不高的情况下，团队有兴趣学习新技术。

- 有些成员在以往的项目中用过这项技术。现有成果很容易进行复用。支持需要的开发流程和构建管道。

- 受平台约束，为了未来部署服务必须采用。

- 所有成员都熟悉这项技术，这是一项保守的选择。

- 有些成员以往使用过这项技术。可快速上手。方便实现依赖注入和设置管理。

- 平台支持的技术。我们团队对这项技术并不熟悉。对关键架构需求的支持较好。

图 17.3 合理性检查

17.8 方法 37：场景排查
Activity 37 Scenario Walkthrough

场景排查是指逐步描述架构如何满足特定质量属性场景，目的是检查架构设计是否合理。场景排查最适合在项目早期（系统尚未成形时）开展。

场景排查就像在讲述架构的故事。选择一个质量属性场景，然后描述系统是如何对场景刺激做出响应的。在排查各种设计元素的同时，应该说明系统是如何提升相应的质量属性的。

作用

- 在早期评估架构设计。

- 识别各种架构需求。

- 推演架构对不同刺激的响应。

- 提高设计的合理性。

- 快速判断架构对各种质量属性的提升或抑制程度。

持续时间

针对单一质量属性场景的排查通常需要 20~30 分钟。如果一次会议要排查多个质量属性场景，那么通常需要 1~3 小时。

参与者

参加场景排查的人数不宜过多，以 3~7 人为宜。需要以下几类人员参与：

- 架构师最了解架构设计，他负责描述系统如何对刺激做出响应。

- 记录员负责做速记，他要记下会议期间提出的所有问题、风险、盲点、认知偏差和其他一般性问题。

- 朗读者朗读场景介绍，辅助场景排查。他同时也是会议主持人。

- 一位或多位评估者。评估者是利益相关方或第三方的专家，他们在评审期间提出问题，找出架构中的漏洞。记录员和朗读者也可以担任评估者。

准备事项

评估者在参会前应该做好功课，熟悉系统的质量属性场景、架构描述和其他背景材料。如果找不到这方面的材料，架构师应该准备一份架构简报（见第 17.1 节），并留出额外时间让评估者先了解情况。另外，在会议开始前应该对质量属性场景的优先级进行排序。

步骤

1. 把场景介绍和架构视图发给大家。打开投影仪或屏幕共享工具，以便架构师能够轻松地分享视图。

2. 朗读者选择一个质量属性场景并大声念出来。朗读场景介绍的目的是确保每个人都清楚场景的情况和大体范围。

3. 朗读者念出质量属性场景的刺激源，宣布开始场景排查。

4. 架构师开始排查，描述系统如何对刺激做出响应。

5. 架构师描述完后，评估者开始提问，指出潜在的架构问题。

6. 架构师简短地回答问题。评估者提出的问题和风险应当记录下来，会后做进一步的分析。

7. 所有评估者都反馈意见后，选择另一个场景进行排查。

指导与建议

• 不要把评估变成一场批斗会。我们的目的是在架构设计尚未定型前发现问题，避免返工。

• 为了让会议顺利进行，应该限制每个场景的排查时间。

• 评估不涉及如何解决问题。会议的目的是发现问题，而不是解决问题。

• 朗读者和记录员可以由一人担任，但不能由架构师担任。

• 可以让大家轮流担任各种角色，培养团队成员的能力。

• 在醒目的地方（如白板或投影屏上）展示当前排查的质量属性场景，方便评估者查看；或者干脆把质量属性场景的资料发给大家，人手一份。

• 记录排查过程中提出的新质量属性场景。

示例

我们挑选 Lionheart 项目中的一个可用性场景进行排查。场景介绍：用户搜索公开的招标书，一年中平均 99％的时间应该可以搜到可用的招标书列表。为了排查这个可用性场景，我们需要一些条件。回忆一下，Lionheart项目包含少量的web服务、几个数据库和一个搜索索引。图 17.4 是待排查的质量属性场景。

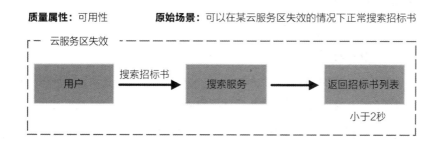

图 17.4　待排查的质量属性场景

春田市 IT 部门决定将 Lionheart 项目托管在云端，并且同时托管在两个不同的云服务区的 Docker 容器里。这样，当 A 区失效时，B 区仍然可用（见图 17.5）。

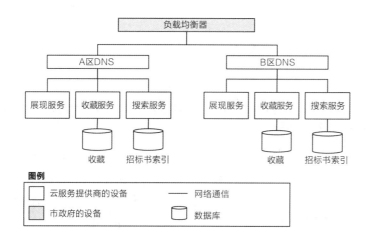

图 17.5　Lionheart 项目云部署视图

以下是对该质量属性场景进行排查的过程：

朗读者：接下来的场景是某云服务区失效期间系统的可用性。假设一切运转正常，突然，A 区的云服务失效了。

架构师：负载均衡器将在 60 秒内检测到故障，并自动将流量导向可用的 B 区。如果某个用户不幸在这个时候访问网站，他会收到访问失败的提示。只要他再次刷新浏览器，应该就可以正常访问了。

评估者 1：负载均衡器托管在哪里？

架构师：就在对面的机房里。

评估者 1：就是说所有的访问请求都是由我们这里的负载均衡器决定的？那它岂不是成了系统最薄弱的环节？如果是这样的话，还要云服务做什么？

朗读者：请注意评论应该具有建设性，你能把你的担忧用风险的形式表述出来吗？

评估者 1：对不起，这样说吧，我们的多区云服务存在单点故障隐患，这可能无法满足需求。（记录员做记录。）

评估者 2：在这种多区域部署的情况下，如何保证数据是最新的……

17.9　方法 38：画草图做比较
Activity 38 Sketch and Compare

有时候，一个设计看起来很好是因为缺少比较。画草图做比较可以让我们比较两个或多个方案的优劣。

所有设计方案都可以画草图做比较，比如当下的设计与未来的设计、理想的设计与现实的设计、A 方案与 B 方案，等等。还可以比较极端的情况，比如选择一个质量属性或设计概念，以它为目标毫无顾虑地进行架构设计；然后选择另一个优先级高的质量属性或设计概念，设计一个备选方案进行比较。

作用

- 将一个方案与其他方案进行比较，发现其优势和劣势。

- 通过讨论建立设计共识。

- 避免做出让人后悔的决定。

持续时间

20~30 分钟，不超过一小时。

参与者

三到五人为宜，包括架构师和利益相关方。

准备事项

白板、纸、笔；或者事先准备好架构视图、PPT、投影仪。

步骤

1. 宣布活动目标，比如：我们要比较现有的备选方案，挑一个合适的出来。

2. 画出（或展示）备选方案，让每个人都能看到。

3. 开始讨论。指出 A 设计相较于 B 设计的优点或缺点，请大家发表看法。

4. 记录参与者的看法和意见。必要时可以修改草图或添加注解，以便明确设计意图或添加新观点。

5. 团队达成共识后，总结最后的决策。这里可以开展合理性检查（见 17.7 节），确保参与者都理解并认可决策。

6. 拍照存档，将决策上传到团队的维基页面上，并用讨论的内容充实设计的逻辑依据。

指导与建议

- 有些参与者会无理性地偏袒某个方案。应该鼓励建设性的意见，避免无谓的争论。

- 讨论过程中也许会产生不一样的想法，应该随时根据这些新想法画出折中的方案。

- 最后应该总结讨论成果。不做总结会让某些参与者感到困惑。
- 向有不同的意见的参与者解释决策依据。

示例

某项目正在进行部分重构。有人提出了新的方案，但大家还没有形成统一的意见。剩下的时间不多了，大家必须在信息不充分的情况下做出决定。

大家画出了目前的设计方案和备选设计方案的草图（见图 17.6）。尽管有些团队成员对目前的架构设计不满意，但在比较了备选方案后，他们宁愿接受目前的设计。这次讨论让大家对今后的工作方向达成了共识，并确定了可能产生技术债务的地方。

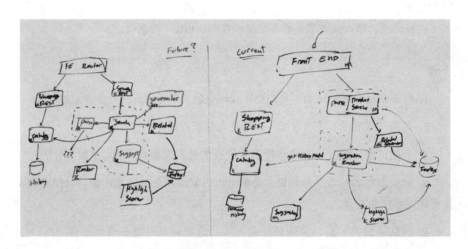

图 17.6　画草图比较设计方案

附 录

贡献者简介
Community Contributor Bios

Len Bass 参与了两本软件架构获奖图书（《Software Architecture in Practice》《Documenting Software Architectures: Views and Beyond》）的编写。他有 50 多年的软件开发经验，发表过多篇论文。他在软件工程研究所（Software Engineering Institute）工作过 25 年，目前是卡内基梅隆大学的兼职教师。

Bett Bollhoefer 从 1999 年起从事软件开发工作，她现在是通用电气数字部门的架构师，负责设计 Predix 工业物联网平台的架构。此前，她还担任过 Verizon 的解决方案架构师。Bett 写过好几本书，包括《You Can Be a Software Architect》《The Zen of Software Development: A Seven Day Journey: A Handbook to Enlightened Software Development》。Bett 还担任过两年 "Software Architecture Concepts"播客的主持人[1]。她还担任过 Toastmasters 的地区主席（Toastmasters 是一个教育性质非营利组织，在全球各地举行演讲，旨在提高会员的沟通、演讲、领导技巧）。Bett 还是一名专业的即兴演员，喜欢跳摇摆舞、画画、拉大提琴。

Simon Brown 是专注研究软件架构的独立顾问，同时也是《Software

---

[1] http://www.architecturecast.net

Architecture for Developers》的作者。他还是 C4 软件架构模型和 Structurizr[2]的创建者。欢迎关注他的 Twitter 账号（@simonbrown）和个人网站[3]。

George Fairbanks 博士目前在 Google 担任软件工程师。他毕业于卡内基梅隆大学，曾长期从事软件架构设计的教学工作，著有《恰如其分的软件架构：风险驱动的设计方法》。

Thijmen de Gooijer 与人合作发表过十多篇关于架构的研究论文。他曾就读于荷兰阿姆斯特丹自由大学（VU University）和瑞典梅拉达伦大学（Malardalen University）。

Patrick Kua 是 ThoughtWorks 驻伦敦的首席技术顾问，著有《The Retrospective Handbook: A Guide for Agile Teams》《Talking with Tech Leads: From Novices to Practitioners》两本书。欢迎关注他的 Twitter 账号（@patkua）和个人网站[4]。

Ipek Ozkaya 博士是卡内基梅隆大学软件工程研究所的资深技术员。她最近的工作主要是为大型的复杂软件系统的技术债务管理建立理论和实践基础。Ozkaya 还是 IEEE 软件杂志的顾问和编辑委员会成员。欢迎关注她的 Twitter 账号（@ipekozkaya）。

---

[2] https://structurizr.com
[3] http://www.simonbrown.je
[4] https://www.thekua.com/atwork

索引

Index

致 谢

Acknowledgments

撰写本书的过程中，妻子和五岁的儿子和我一起捋清了前两章的编排，那真是难忘的时光。一个周六早晨，Marie 引导我说出想法；Owen 把它们记在便利贴上，粘到窗玻璃上。我们花了一个多小时反复调整。感谢他们的爱与耐心。

写作让时间过得飞快，旁的事情我都无暇顾及，除了 Finn 的出生。欢迎 Finn 来到这个世界！妈妈，爸爸，还有 Ryan——这本书离不开你们一直以来的支持和鼓励。Chris 和 Russ，谢谢你们帮我腾出了写作时间（也谢谢你们的意式宽面）。Leia，谢谢你做我的听众。

我很幸运，能够向诸多聪明的软件架构师取经，并有机会与他们合作、交流，他们对我的思维产生了很大的影响。他们是 David Garlan、Mary Shaw、George Fairbanks、Len Bass、Rebecca Wirfs-Brock、Simon Brown、Ariadna Font、Matt Bass、Tony Lattanze、Dave Root 和 Ipek Ozkaya。

我还有一支技术审核队伍，他们一针见血的反馈显著提高了书稿的质量。他们是 David Bock、Will Chaparro、Javier Collado、Fabrizio Cucci、George Fairbanks、Kevin Gisi、Thijmen de Gooijer、Rod Hilton、Michael Hunter、Maurice Kelly、Joe Kramer、Nick McGinness、Ryan Moore、Daivid Morgan、Emanuele Origgi、Ipek Ozkaya、Will Price、Antonio Gomes Rodrigues、Jesse Rosalia、Tibor Simic、Stephen Wolff、Eoin Woods、Peter W A Wood、Colin Yates。同时感谢 IBM 匹兹堡办公室的所有人，他们心甘情愿地充当了很多设计方法的受试者。

感谢 Susannah Pfalzer 在本书撰写和发行过程中给予的指导和帮助，她是首次写书的作者梦寐以求的出色编辑。感谢 Andy 和 Dave 给我机会尝试改进我们开发软件的方式。